合肥工业大学教材出版专项基金资助项目

高分子材料加工实验

主　编　任凤梅

副主编　汪　瑾　徐卫兵

编　委　周正发　马海红

　　　　徐　佩　张　伟

U0295882

合肥工业大学出版社

图书在版编目(CIP)数据

高分子材料加工实验/任凤梅主编 . —合肥:合肥工业大学出版社,2023.2
ISBN 978 - 7 - 5650 - 6160 - 8

Ⅰ.①高… Ⅱ.①任… Ⅲ.①高分子材料—加工—实验—高等学校—教材
Ⅳ.①TB324 - 33

中国版本图书馆 CIP 数据核字(2022)第 249480 号

高分子材料加工实验
GAOFENZI CAILIAO JIAGONG SHIYAN

任凤梅　主编		责任编辑　刘　露	
出　版	合肥工业大学出版社	版　次	2023 年 2 月第 1 版
地　址	合肥市屯溪路 193 号	印　次	2023 年 2 月第 1 次印刷
邮　编	230009	开　本	710 毫米×1010 毫米　1/16
电　话	理工图书出版中心:0551 - 62903004	印　张	8.25
	营销与储运管理中心:0551 - 62903198	字　数	139 千字
网　址	www.hfutpress.com.cn	印　刷	安徽联众印刷有限公司
E-mail	hfutpress@163.com	发　行	全国新华书店

ISBN 978 - 7 - 5650 - 6160 - 8 　　　　　　　　定价:48.00 元

如果有影响阅读的印装质量问题,请与出版社市场营销部联系调换。

前　言

　　高分子材料与工程是一门与工程实际紧密联系的学科,具有突出的实践性。高分子材料加工实验课程主要介绍不同类型的高分子材料和制品常用的加工工艺、检测方式,对提升学生的动手能力和创新能力、培养高素质高分子材料专业工程人才具有重要意义。

　　书中分别介绍了三类常见的高分子材料的加工实验和性能测试。实验一至实验十主要介绍了原材料混合及塑炼、压缩模塑、注射成型、挤出成型等塑料加工成型实验和相关性能检测。实验十一至实验十四主要介绍了橡胶塑炼与混炼、硫化及性能测试方法。实验十五至实验十九主要介绍了聚合物基复合材料半成品和制品的加工成型。实验二十至实验二十五主要介绍了六个综合设计类的实验,侧重培养学生的综合实践能力。

　　本书由合肥工业大学任凤梅任主编,汪瑾任副主编,徐卫兵、周正发、马海红、徐佩、张伟五位老师参与了教材的编写。在编写过程中,参阅了很多文献,借鉴了本教研室老师编写的成型加工原理和橡胶加工的实验讲义,在此对所有给予本书帮助的人们表示衷心感谢。尽管我们在编写中尽心尽力,但由于水平和精力有限,书中难免存在疏漏和不足,恳请读者批评指正。

编　者

2022 年 11 月

目　　录

第一章　绪　论

一、高分子材料加工实验的特点和意义

高分子材料加工实验是高分子材料科学与工程专业必修的专业实验课程，是学生在学习完高分子化学、高分子物理、高分子流变学、聚合物加工工程等专业理论课程之后，系统学习高分子材料加工成型与性能测试等方面实践知识的课程。通过对塑料、橡胶及复合材料常见的加工过程的实践，将专业理论知识与加工过程中材料及制成品的外观、结构和性质等方面的变化结合起来。

高分子新材料、新技术的研发都是以高分子材料实验为基础，通过性能测试来验证和评价。高分子材料制品需要通过性能检测来保证产品的质量、调控加工工艺参数。因此，高分子材料加工实验及测试技术是新材料开发的必要手段，是产品质量检验、生产工艺控制的重要手段和依据。

高分子材料一般分为塑料、橡胶、纤维、涂料、黏合剂以及聚合物基复合材料。其中塑料、橡胶和复合材料均需加工成型为一定形状尺寸的制品，它们的加工方式、应用场合和测试方法均有区别，但其本质是一致的，都符合高分子材料的特性。高分子材料的原材料组成、加工工艺、工艺参数等都会影响高分子材料的性能，这也使得高分子材料具有良好的可设计性，尤其是聚合物基复合材料。发展高分子材料实验技术，建立原材料选择、性能设计、结构设计、工艺设计、检测检验的实验体系，是培养学生学习高分子材料的重要手段。

高分子材料加工实验主要包括成型加工实验、性能表征实验和综合设计实验。通过学习可以让学生了解和掌握有关原材料选择、性能设计、结构设计、工艺设计、加工和性能检测等方面的实验知识；了解实验设备和实验仪器的结构、实验原理及操作方法；掌握测定、计算和分析实验数据的方法，并能够分析材料性能与结构的关系、材料性能与工艺参数的关系。通过实验教学，培养学生高分子材料配方设计、工艺研究、测试与分析的能力，使其具备开发新型高分子材料及产品的创新能力，为将来从事高分子材料的生产和科研工作打下必要的理论基础，培养必要的实践能力。

二、安全知识

在实验过程中或在实验室里遇到突发的实验事故时,应立即采取应对措施。

1. 现场人员意外受到危险化学品伤害或玻璃划伤

当人皮肤接触了剧毒、中等毒品、有害品或腐蚀品时,应立即脱去衣着,用大量水冲洗至少 15 min,并尽快就医。

当人眼睛接触了剧毒、中等毒品、有害品或腐蚀品时,应立即提起眼睑用大量流动清水或生理盐水冲洗眼睛至少 15 min,并尽快就医。

当人吸入剧毒、中等毒品、有害品或腐蚀品时,应迅速撤离现场到空气新鲜处;如呼吸困难,应供给输氧(如有适当的解毒剂,立即服用),必要时进行人工呼吸,并尽快就医。

当人某部位被玻璃割伤时,如果为一般轻伤,应及时挤出污血,并用消过毒的镊子取出玻璃碎片,用蒸馏水洗净伤口,贴上创可贴;如果为大伤口,应立即用绷带扎紧伤口上部,使伤口停止流血,紧急送往医疗所。

2. 火灾及火伤

在实验室中操作或处理易爆、易燃溶剂时,应远离火源。所有仪器设备在使用前一定要按操作说明书安装、调试、检查。一旦发生火灾事故,应首先切断电源,然后迅速将周围易燃物移开。

有机物着火燃烧时,应立即向火源撒沙子、用石棉布覆盖火源以及使用灭火器,在大多数情况下,严禁用水灭火。衣服着火时,应立刻用石棉布覆盖着火处或迅速将衣服脱下;若火势较大,应在呼救的同时,立即卧地打滚,绝不能用水浇泼。

如果人体被烧伤或烫伤,在伤口处涂以苦味酸溶液、玉树油、愈创蓝油烃或硼酸软膏;如为重伤,应立即送往医院。

3. 爆炸

某些化合物容易爆炸,如有机过氧化物、芳香族多硝基化合物和硼酸酯等,受热或敲击均会爆炸。芳香族多硝基化合物不宜在烘箱内干燥。乙醇和浓硝酸混合在一起,会引起极强烈的爆炸。因此,应尽可能将易燃易爆物品分隔存放在通风阴凉处。若发生爆炸,应立即切断电源,撤离现场,拨打 119 报警。

三、高分子材料加工实验安全守则

(1)遵守实验室的规章制度,实验前需接受安全教育;认真预习,阅读实验课教材和实验指导书;所有仪器设备在使用前一定要按操作说明书安装、调试、检查。

(2)实验操作时按规定做好个人防护,穿戴专用工作服和手套,防止烫伤、砸伤;玻璃纤维的碎屑易粘在工作服及头面、手等皮肤暴露部位,应特别注意个人防护,尤其要防止将短纤维弄入眼内,造成不必要的眼伤和瘙痒。

(3)了解实验室安全标志及安全防护措施,正确操作挤出机、注塑机、试验机等机械设备,防止人员和设备损伤。

(4)规范药品的使用和存放,实验中部分化学药品具有毒性,注意正确使用;过氧化物与促进剂不得简单混合,应分隔存放;实验室中易燃、易爆化学物质应远离明火及高温场地存放。化学药品、实验制品不得私自带出实验室。

(5)不得在实验室内饮食、吸烟和打闹,认真观察实验现象,如实记录实验数据,一旦发现实验或仪器出现异常情况要及时向指导教师报告。

(6)实验完毕,关闭各仪器设备及水电气,填写仪器使用登记表,打扫室内卫生,按规定分类处置实验室废弃物,经指导教师检查合格后方可离去。

第二章　塑料加工实验

实验一　混　合

【实验目的】

(1)掌握物料混合的方法。

(2)认识配方中各组分的作用。

(3)学会使用高速混合机。

【实验原理】

混合过程是使不均匀的各组分转变为均匀的混合料,常用的混合设备有捏合机和高速混合机。

高速混合机是高速、非熔融的转子式混合设备,由圆筒型混合室和设在混合室底部的高速转动的叶轮组成,如图2-1所示。在固定的圆筒型容器内,叶轮的高速旋转促使物料混合均匀,并在一定程度上使塑料预塑化。混合室内设有折流板,使物料呈流化状,有利于物料的分散均匀。混合时,物料沿容器壁急剧散开,造成旋涡状运动,粒子的相互碰撞和摩擦导致物料温度上升,水分逃逸,增塑剂被吸收,物料与各组分助剂分散均匀。为提高生产效率,混合过程一般需要加热,并按先主料后辅料的次序加料。

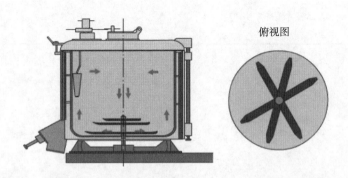

俯视图

图2-1　高速混合机结构图

【实验原料与仪器设备】

SHR-10A 型高速混合机,容积为 10 L,主机功率为 3.3 kW,加热功率为 4 kW,转速为 720～1440 r/min。SHR-10A 型高速混合机如图 2-2 所示。

图 2-2　SHR-10A 型高速混合机

【实验步骤】

1. 配料

根据配方称量树脂及助剂,每一次混料要求各种物料总量在 3000 g 左右。

2. 混合

(1)将混合机清扫干净,关闭混合室盖和出料阀,在出料口装上接料袋。

(2)调速。开机空转,将转速调至最低转速。

(3)加料。将已称量好的树脂及助剂倒入混合机中,盖上釜盖,混合时间设为 5 min,按启动按钮。

(4)出料。到达设定的混合时间后,电动机停止转动,打开出料阀,点击启动按钮出料。

(5)清理。待大部分物料排出后,静止 3～5 min,打开釜盖,将混合机内的余料全部扫入接料袋内待用。

3. 实验记录

将混合实验数据记录在表 2-1 中。

表 2-1　混合实验记录表

序号	实验原料名称	原料牌号	生产厂家	质量/g	质量百分数/%
1					
2					
...					
9					
10					

【注意事项】

(1)配料时称量必须准确,建议由 2 人配合完成。

(2)高速混合机必须在转动情况下调整。

【思考题】

(1)物料混合的原理是什么?

(2)聚合物成型加工用物料的主体是什么? 有何作用?

(3)物料粒度大小对混合有何影响?

实验二 填充聚合物的制备

【实验目的】

(1)了解填充改性聚丙烯的挤出造粒原理、挤出机的工作特性以及挤出工艺对粒子制品质量的影响。

(2)掌握挤出造粒的操作过程。

【实验原理】

将聚丙烯(PP)以及各种无机填料($CaCO_3$或$CaSO_4$)按照一定比例加入双螺杆挤出机中,经过加热、剪切、混合以及排气作用,PP以及填料塑化成均匀熔体,在两个螺杆的挤压下熔体通过口模、水槽冷却定型,鼓风机冷却排水,切粒机切割造粒,最终成为聚丙烯填充改性料。

挤出机螺杆和料筒结构直接影响塑料原料的塑化效果、熔体质量和生产效率。和单螺杆相比,其塑化能力、混合作用和生产效率相对较高,主要用于高速挤出、高效塑化、大量挤出造粒。

挤出工艺控制参数包括挤出温度(料筒各段的温度、机头的温度、口模的温度等)、挤出速率、口模压力、冷却速率、牵引速率、拉伸比、真空度等。对于双螺杆挤出机而言,物料熔融所需要的热量主要来自料筒外部加热,挤出温度应在塑料的熔点(T_m)或黏流温度(T_f)至热分解温度范围之间,温度设置一般从加料口至机头逐渐升高,最高温度较塑料热分解温度T_d低15 ℃以上,各段温度设置变化不超过60 ℃。挤出温度越高,熔体塑化质量越好,材料微观结构越均匀,制品外观越好,但挤出产率低,能源消耗大,所以挤出温度在满足制品要求的情况下应该尽可能的低。挤出速率同时对塑化质量和挤出产率起决定性的作用。对于给定的设备和制品性能来说,挤出速率可调的范围已定,过高地增加挤出速率、追求高产率,只会以牺牲制品的质量为代价。挤出过程中,需冷却的部位包括料斗、螺杆。料斗的下方应通冷却水,防止PP过早地熔化黏结搭桥。另外,牵引速率与挤出速率相应匹配,以所造的塑料粒子均匀为准。

【实验原料与仪器设备】

(1)原材料:聚丙烯(PP)、活性碳酸钙($CaCO_3$)、滑石粉、润滑剂等。

(2)主要设备:双螺杆挤出造粒机组(南京杰恩特机电有限公司,螺杆直径

30 mm,长径比 40∶1,螺杆总长 1200 mm)1 台(图 2-3);冷却水槽 1 台;鼓风机 1 台;自动切粒机 1 台。

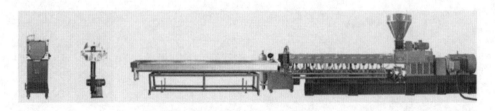

图 2-3　双螺杆挤出造粒机组

【实验步骤】

(1)挤出机预热升温:依次接通挤出机总电源和各加热段电源,调节加热各段温度仪表以及其他控制仪表设定值至操作值(表 2-2)。当预热温度升至设定值后,恒温 30~60 min。温度控制分为 7 段。

表 2-2　挤出机主要参数设定值表

温度/℃	一区	二区	三区	四区	五区	六区	机头	熔体压力/MPa	熔体温度/℃
设定值	150	186	195	200	210	210	180	12.00	215

(2)检查冷却水系统是否漏水、真空系统是否漏气(拧开水阀)。

(3)启动油泵电动机:在启动之前,用手将螺杆后的圆盘搬动一圈后,将主电机调速旋钮调至零位,然后启动主电机。调速要缓慢、均匀,转速逐步升高,要注意主电机电流的变化,一般在较低的转速下运转几秒,待有熔融的物料从机头挤出后,再继续提高转速。

(4)启动喂料系统以及清洗螺杆:首先将喂料机速度调至零位,启动料斗下的冷凝水。把清洗用的纯 PP 倒入料斗,启动喂料电动机,清洗螺杆,待挤出的熔体颜色变为 PP 的本色即可视为清洗完毕。接着将混合好的料倒入喂料斗,调整其转速,在调整的过程中密切注意电动机电流的变化,要适当控制喂料量,以避免挤出机的负荷太大。

(5)启动牵引以及切割等辅助装置,将挤出的线状熔体通过冷却水槽,引上牵引切割机。

(6)启动真空系统,调节真空度。

(7)观察线状熔体的直径、光泽度等,并以此来调节各项速率。

(8)更换不同配方重复以上实验。

(9)实验结果与记录:

① 在表2－3中记录挤出工艺条件。

表2－3　填充聚合物制备实验记录

温度 (℃)	一区	二区	三区	四区	五区	六区	机头	熔体温度/ ℃	熔体压力/ MPa
设定值									
实际值									

喂料 转速	主机转速		切粒机转速		油泵压力		真空度		实验 主物料

实验现象(正常或异常请记录):			
实验人员		实验日期	

② 观察挤出过程中的不稳定现象,记录工艺参数变化后挤出的线状熔体的变化。

【思考题】

(1)填料的加入对聚合物的加工性能有何影响?

(2)改变牵引速率和挤出速率对线状熔体的直径和光泽度等特征有何影响?

实验三 热固性粉末涂料的加工工艺实验

【实验目的】

(1)了解热固性粉末涂料中原料的配比以及各种助剂的作用,掌握成型加工用物料的配方设计原理。

(2)掌握热固性粉末的简单混合、塑化混合操作,了解粉末涂料制备和基材表面处理等工艺流程,掌握塑化工艺设计及控制原理与方法。

(3)学会使用静电喷涂设备以及成品的各项性能检测。

【实验原理】

本实验项目为设计性实验,以性能要求—设计材料配方—设计加工工艺—性能检测—结果分析讨论为主线。要求学生在查阅文献的基础上,根据实验任务及实验目的,自己设计成型用物料的配方、物料的加工工艺及检测方法。

粉末涂料和涂装技术是 20 世纪中期开发的一项新技术、新工艺,具有节省能源、减少污染、工艺简单、易于实现工业化、涂层性能优异等特点,其涂装操作如图 2-4 所示。

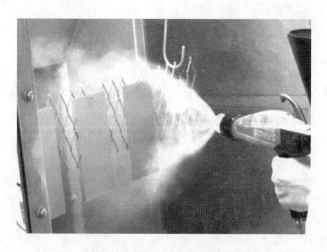

图 2-4 粉末涂料涂装操作

随着粉末涂料制造工艺和涂装技术的改进和发展,这项技术年平均增长速度高达 8% 以上,得到了各国的重视。尤其是进入 21 世纪以来,人们环保意识的增强,对挥发性有机物(VOC)向大气排放量的限制日益严格,对资源节约等问题日益关注,使得涂料与涂装界对粉末涂料和涂装技术更加重视。

粉末涂料的品种很多,配方各异,但其基本组成通常包括树脂、固化剂、各种助剂和颜填料。一个典型的粉末涂料的配方应含有 50%～60%的基料(包括树脂和固化剂)、30%～50%的颜填料以及 2%～5%的流平剂和其他助剂。

通常,树脂是具有较高分子量和较低官能度的高聚物,有热塑性和热固性之分。例如,本试验用的聚酯树脂和环氧树脂均属热固性树脂。固化剂为具有相对较低分子量和较高官能度的低聚物或化合物,本实验中环氧和聚酯互为对方的固化剂,即环氧中环氧基团和聚酯中羧基发生酯化反应。粉末涂料中所使用的颜填料基本相同,如钛白粉、群青、中铬黄等。助剂包括固化促进剂、流平剂、增光剂、花纹剂等。

粉末涂料分为热固性和热塑性两种,热塑性树脂系热塑性粉末涂料的成膜物质,它的特点是可随温度的升高而变软,冷却后变硬。热塑性粉末涂料主要有聚乙烯、聚氯乙烯、聚丙烯、尼龙、氯化聚醚、聚氟乙烯。热固性粉末涂料的基材是热固性树脂,它们是一些较低聚合度的预聚体树脂,其特点是可利用自身的活性官能团,在一定的温度下,加入固化交联剂固化成不溶不熔的、质地坚硬的三维网状结构的最终产物。热固性粉末涂料主要有环氧树脂、聚酯树脂、丙烯酸树脂等。

1. 热固性粉末涂料的生产

热固性粉末涂料的生产主要是熔融挤出混合法,首先将配方中的树脂、固化剂、颜填料及各种助剂计量称重,继而加入预混合机中进行混合,接着将混合好的物料经加料器送入挤出机,并在高温以及高剪切力的作用下使得各组分充分混合。继而通过压片冷却机压成薄片,接着将冷却后的薄片物料破碎成较小的片状物料(粗粉碎),然后将薄片加入空气分级磨(ACM)中进行细粉碎,最后在旋风分离筛中筛分,除去超细粉、杂物、粗粉,得到合格产品。热固性粉末涂料生产流程如图 2-5 所示。

2. 粉末涂料的涂装与应用

涂膜的质量和性能与被涂物的性状密切相关。因此,涂装前的表面处理已经成为涂装工艺中不可缺少的部分,表面处理主要分为除油、除锈和磷化三部分。

粉末涂料的涂装与液态涂料差别甚大,其涂装方法很多,主要有真空吸入法、火焰喷涂法、粉末热喷涂法、震动床法、空气喷涂法、静电喷涂法、电场云涂

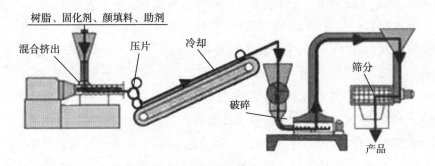

图 2-5　热固性粉末涂料生产流程图

装法。本实验采用的为静电喷涂法,其工作原理如图 2-6 所示。

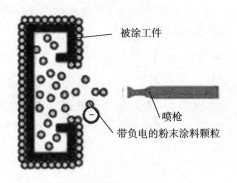

图 2-6　静电喷涂法工作原理

3. 检测

涂层的性能测试主要有光泽、附着力、硬度、柔韧性、耐冲击等测试。

【实验原料与仪器设备】

1. 原材料

聚酯树脂(5A),环氧树脂,503 流平剂,701 流平促进剂,安息香(苯偶姻),R706 钛白粉,改性超细硫酸钡,炭黑,中铬黄,汽巴红。

2. 主要设备

GSF-30E 型双螺杆挤出机:烟台三立设备制造厂;GH-10A 高速混合机:北京塑料机械厂;NP-1 高压静电发生器:江苏太仓静电设备厂;LLB-7 除尘机组:上海华亭环保设备厂;QCJ 型漆膜冲击器:天津中环实验仪器厂;QFD 型电动漆膜附着力实验机:天津精科材料实验机厂;QQ2-1 型漆膜弯曲实验机:

天津中环实验仪器厂。

【实验步骤】

1. 配料及预混合

(1)按照表 2-4 格式设计并记录配方,并计量称取。

表 2-4　粉末涂料配方记录表

原料	树脂1	树脂2	流平剂	促进剂	固化剂	颜料1	颜料2	颜料3	颜料4	颜料5
名称及规格牌号	聚酯树脂	环氧树脂	503流平剂	701B流平促进剂	安息香	R706钛白粉	改性超细硫酸钡	炭黑	中铬黄	汽巴红
质量/g										
配方设计(签字):							设计日期:			

(2)将上述原料称量之后,加入高速混合机低速混合 3 min,高速混合 1 min 后出料。

2. 挤出混合

将预混合好的原料,按照一定速度加入双螺杆挤出机(转速:800 r/min)中,并通过压片机将挤出的熔融物料压成薄片并冷却粗粉碎。

3. 粉碎

将粗粉碎好的薄片加入粉碎机中,粉碎三次,每次 1 min。接着将粉碎好的料过 160 目筛,剔除粗粉。

4. 除油

将标准试验样板浸入沸腾的脱脂剂中 3 min,接着将它放入水中润洗。

5. 磷化

将脱过脂的样板,浸入配好的磷化液中 3 min。再将样板放入烘箱烘干。

6. 喷涂

将烘好的样板放入喷涂箱,用之前制备的聚酯/环氧型粉末涂料进行静电喷涂。

7. 固化

将喷涂好的样板再次放入烘箱,180 ℃下烘 20 min,即可得到成品。

8. 检测

分别对成品进行各项测试。

(1)目测:检查板面是否有缩孔、火山坑、脏点、桔皮等瑕疵。

(2)冲击强度测试:按照国标在 QCJ 型漆膜冲击器上测试漆膜冲击强度。

(3)漆膜附着力测试:按照国标在 QFD 型电动漆膜附着力实验机测试漆膜附着力。

(4)漆膜弯曲强度:按照国标在 QQ2 - 1 型漆膜弯曲实验测试漆膜弯曲强度。

9. 实验结果与记录

(1)按表 2 - 5 格式记录挤出工艺条件。

表 2 - 5 挤出工艺记录表

工艺条件	一区温度(℃)	二区温度(℃)	主机转速(r/min)
设定值			
实际值			
工艺设计(签字):		设计日期:	

(2)观察挤出过程中的不稳定现象,记录工艺参数变化后线状熔体的变化。

(3)观察并记录喷涂过程中相关工艺参数及其变化。

(4)记录样品性能检测结果,并进行分析。

【思考题】

(1)应该如何解决板面出现滴挂现象?

(2)样板表面除油不净,喷涂后板面会出现何种现象?

(3)基材树脂中有分子量过大的树脂,或有预交联的成分,在喷涂后的板面上会出现何种缩孔?

(4)简述聚酯/环氧型粉末涂料的固化机理。

(5)粉末涂料在喷涂前被油或水沾染,会造成何种后果?

实验四 注射成型

【实验目的】

1. 了解螺杆式注塑机的结构、性能参数、操作规程及有关注意事项。

2. 掌握注塑机的操作方法,锻炼实际操作注塑机的技能。

【实验原理】

采用螺杆式注塑机进行实验。在塑料注射成型中,注塑机需要按照一定的程序完成塑料的均匀塑化、熔体注射、成型模具的启闭、注射成型中压力保持和成型制件的脱模等一系列操作过程。

螺杆式注塑机结构如图 2-7 所示。

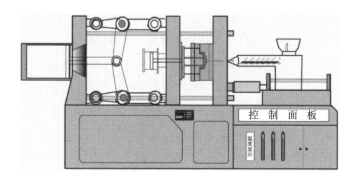

图 2-7 螺杆式注塑机结构图

1. 螺杆式注塑机的主要结构及作用

(1)注射装置。注射装置一般由塑化部件(机筒、螺杆、喷嘴等),料斗,计量装置,螺杆传动装置,注射油缸和移动油缸等组成。注射装置的主要作用是使塑料原料塑化成熔融状态,并以足够的压力和速度将一定量的熔体注射到成型模具中。

(2)合模装置。合模装置主要由模板、拉杆、合模机构,制件顶出装置和安全门组成。合模装置的主要作用是实现注射成型模具的开启并保证其可靠的闭合。

(3)液压传动系统和电气控制系统。液压传动系统和电气控制系统的主要作用是满足注塑机注射成型工艺参数(压力、注射速度、温度、时间等)。

2. 注塑机的动作过程

(1)闭模和锁紧。注射成型过程是周期性的操作过程。注塑机的成型周期一般是从模具的闭合开始的,模具先在液压及电气控制系统处于高压状态下进行快速闭合,当动模与定模快要接触时,液压即电气控制系统自动转换为低压、低速状态。当确定模内无异物存在后,再转换为高压并将模锁紧。

(2)注射装置前移及注射。确认模具锁紧后,注射装置前移,使喷嘴和模具吻合,然后液压系统驱动螺杆前移,在所设定的压力、注射速度下,将机筒螺杆头部以均匀塑化和定量的熔体注入模具型腔中。此时螺杆头部作用于熔体的压力称为注射压力(MPa),又称为一次压力。螺杆的移动速度称为注射速度(cm/s)。

(3)压力保持。注射操作完成之后,在螺杆的头部还保存有少量的熔体。液压系统通过螺杆对这部分熔体继续施加压力,以填补因型腔内熔体冷却收缩产生的空间,保证制件的密度,保压一直持续到浇口封闭。此时,螺杆作用于熔体上面的压力称为保压压力(MPa),又称为二次压力,保压压力一般等于或低于注射压力。保压过程中,仅有少量的熔体补充入型腔。

(4)制件冷却。塑料熔体经注射喷嘴注射到模具型腔后开始冷却。当保压进行到浇口封闭后,保压压力即卸去,此时物料进一步冷却定型。冷却速度影响聚合物的聚集态转变过程,最终会影响制件成型质量和效率。制件在模具型腔中的冷却时间应以制件在开模顶出时具有足够的刚度,不致引起制件变形为限。过长的冷却时间不但会降低生产效率,还会使制件产生过大的型腔包附力,造成脱模困难。

(5)原料预塑化。为了缩短成型周期、提高生产效率,当浇口冷却,保压过程结束后,注射机螺杆在液压马达的驱动下开始转动,将来自料斗的粒状塑料向前输送。在机筒加热和螺杆剪切热的共同作用下,将粒状塑料进一步均匀塑化,最终成为熔融黏流态流体。在螺杆的输送下存积于螺杆的头部,从而实现塑料原料的塑化。螺杆的转动一方面使塑料塑化并向其头部输送,另一方面使存积于头部的塑料熔体产生压力,这个压力称为塑化压力(MPa)。由于这个压力的作用,螺杆向后退移,螺杆后移的距离反映出螺杆机头部存积的熔体的体积,也就是注射熔体计量值是根据成型制件所需要的注射量进行调节设定的。当螺杆转动而后退到设定值时,在液压和电气控制系统的控制下停止转动,完成塑料的预塑化和计量,即完成预塑化过程。注射螺杆的尾部和注射油箱是连接在一起的,在螺杆后退的过程中,螺杆要受到各种摩擦阻力以及注射油箱内液压油的回流压力的作用,注射油箱内液压油回流产生的压力称为螺杆背压(MPa)。

(6)开模及制件顶出。当模腔内的成型制件冷却到具备一定刚度后,合模装置带动模板开模,在开模的过程中完成侧向抽芯的动作,最后顶出机构顶脱制件,准备下一个成型周期。

【实验原料与仪器设备】

(1)实验原料。各种热塑性塑料,本次实验采用挤出实验制备的粒状料。

(2)实验设备。HTL90 型螺杆式注塑机(海太塑料机械有限责任公司),如图 2-8 所示。

图 2-8 HTL90 型螺杆式注塑机

【实验步骤】

(1)接通冷凝水,对油冷器和料斗座进行冷却。

(2)接通电源(合闸),按拟定的工艺参数,设定料筒各段的加热温度,通电加热。

(3)熟悉操作控制屏各键的作用及调节方法,操作方式设定为手动,按拟定的工艺参数设定压力、速度和时间参数,并做记录。

(4)待料筒加热温度到设定值后,保持 30 min。

(5)将实验原料加入料斗中。

(6)采用手动方式动作,检查各动作程序是否正常,各运动部件动作有无异常现象。一旦发现异常现象,应立即停机,进行处理。

(7)准备工作就绪后,关好前后安全门,保持操作方式为手动,操作时应集中注意力,防止按错按钮。

(8)开机,手动操作流程如图2-9所示。

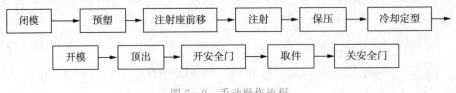

图2-9 手动操作流程

(9)停机前,先关料斗闸门,将机筒内余料注射完毕。停机后,清洁机台,断电,断水。

(10)将注塑成型的实验数据记录在表2-6中。

表2-6 注塑成型实验记录表

温度/℃	一段	二段	三段	喷嘴
设置值				
注射压力/MPa	保压压力/MPa	塑化压力/MPa	开模时间	保压时间
实验现象(正常或异常请记录):				
实验主物料		实验人员		实验时间

注意:注射机工作原理、设备结构、特点;注射成型操作过程中的安全问题。

【思考题】

(1)要缩短注射机的成型加工周期,可以采用哪些措施?

(2)注射机操作方式有几种?

(3)注射机的料筒温度应如何确定?

(4)注射机的模具温度应如何确定?

(5)为什么要保压?保压对制品性能有何影响?

实验五　性能测试实验

【实验目的】

(1)熟悉高分子材料力学性能测试的标准条件、原理及操作。

(2)了解测试条件对测试结果的影响。

【实验原理】

拉伸测试:将试样夹持在专业夹具上,对试样施加静态拉伸负荷,通过压力传感器,形变测量装置及处理,测绘出试样在变形过程中的应力-应变曲线,计算出曲线上的特征点,如拉伸强度、拉伸断裂应力、拉伸屈服应力和断裂伸长率。

冲击强度测试:对硬质高分子材料试样施加一次冲击负荷使试样破坏,记录下试样破坏时或破坏过程中单位试样截面积所吸收的能量,即冲击强度,以此来衡量材料的冲击韧性。冲击强度测试可分为简支梁冲击实验、悬臂梁冲击实验和落锤冲击实验。所有冲击强度测试在(23±2)℃、常湿下进行试样调节,调节时间不少于 4 h。

弯曲强度测试:本实验对试样施加静态三点式弯曲负荷,通过压力传感器、负荷及变形指示器,测定试样在弯曲变形过程中的特征量,如弯曲过程中任何时刻跨度中心处截面上最大外层纤维正应力(弯曲应力),当挠度等于规定值时的弯曲应力(定挠度时弯曲应力),弯曲破坏应力,最大负荷时的弯曲应力,超过定挠度时负荷达到最大值时的弯曲应力(表观弯曲应力)。

成型收缩率测试:制品是在模具中,并在温度、压力作用下成型,因此从熔体到固体过程中物料存在收缩问题,可据此测定成型收缩率。成型收缩率是模具设计、制品设计及原料筛选的重要数据。其测量方法是用制品处理后测定的尺寸和模具型腔对应部位的尺寸进行计算。

【拉伸测试】

1. 实验试样

(1)试样的类型:《塑料　拉伸性能的测定　第 2 部分:模塑和挤塑塑料的试验条件》(GB/T 1040.2—2006)规定的拉伸试样类型有 1A、1B、1BA、1BB、5A、5B,实验用的注塑拉伸样条采用的是 1A 型的试样,如图 2 - 10 所示。

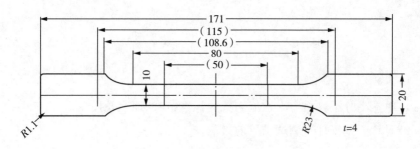

图 2-10 拉伸样条尺寸

(2)试样的制备及要求

① 试样的制备和外观检查,按《塑料 拉伸性能的测定 第2部分:模塑和挤塑塑料的试验条件》(GB/T 1040.2—2006)规定进行,试样应无扭曲,相邻的平面间应相互垂直,表面和边缘应无划痕、空洞、凹陷和毛刺。

② 试样的厚度。板材厚度 $D \leqslant 10$ mm 时,可用原厚为试样厚度;当 $D >$ 10 mm时,应从两面等量机械加工至 10 mm,或按产品规定加工。

③ 每组试样不少于 5 个。对各向异性的板材应分别从平行于主轴和垂直于主轴的方向各取一组试样。

2. 实验设备

电子试验机如图 2-11 所示。形变测量装置测量误差在 ±1% 之内。夹具实验夹具移动速度应符合规定要求。

3. 实验步骤

(1)实验的状态调节和实验环境按《塑料 试样状态调节和试验的标准环境》(GB/T 2918—2018)规定进行,根据材料的特性对环境温湿度进行控制,非热带地区温度为(23±2) ℃,相对湿度为 50%±10%,记作 23/50。如材料性能不受湿度影响可不控制湿度条件,环境称作"温度23";如温度、湿度均对所测性能无影响,可都不必控制,环境称作"室温"。在 23/50的环境下,状态调节的时间不少于 88 h,18 ℃~28 ℃的室温下,不少于 4 h。

图 2-11 电子试验机

（2）测量试样中间平行部分的宽度和厚度，宽度精确至 0.1 mm，厚度精确至 0.2 mm。每个试样取三点，取算术平均值。

（3）在试样中间部分作标线示明标距。

（4）夹持试样，使试样的纵轴于上下夹具的中心连线重合，并且要松紧适宜。

（5）选定实验速度，进行实验。

（6）记录屈服时的负荷，或断裂负荷及标距间伸长。若试样断裂在平行部分之外时，试样作废，要进行补测。

4. 实验记录

将拉伸测试的实验数据记录在表 2-7 中。

表 2-7　拉伸测试实验记录表

试样厚度/ mm	试样宽度/ mm	最大负荷/ N	试样伸长/ mm	拉伸强度/ MPa	断裂伸长率/ %
试验机		样品名称		实验人	实验日期
实验条件					

5. 结果的计算和表示

（1）拉伸强度或拉伸断裂应力或拉伸屈服应力 σ_t

$$\sigma_t = \frac{F}{bd}$$

式中：σ_t——拉伸强度或拉伸断裂应力或拉伸屈服应力，MPa；

　　F——最大负荷或断裂负荷或屈服负荷，N；

　　b——试样宽度，mm；

d——试样厚度,mm。

(2)断裂伸长率 ε_t

$$\varepsilon_t = \frac{G - G_0}{G_0} \times 100\%$$

式中:ε_t——断裂伸长率,%;

G_0——试样原始标距,mm;

G——试样断裂时标线间的距离,mm。

(3)计算结果以算术平均值表示,ε_t取 2 位有效数字。

【冲击实验试样与设备】

1. 实验试样

(1)简支梁试样

试样外观。试样应无扭曲,具有相互垂直的平行表面。表面和边缘无划痕、麻点、凹痕和飞边。缺口试样缺口处应无毛刺。

试样类型和缺口类型常规材料选择 1 型试样(图 2 - 12),有层间剪切破坏的材料可选这 2 型或 3 型试样,具体参看《塑料 简支梁冲击性能的测定 第 2 部分:仪器化冲击试验》(GB/T 1043.2—2018)标准中的规定。

试样的选择。试样的优选类型为 1 型,优选的缺口类型为 A 型,缺口底部半径为(0.25±0.05)mm。用测微仪和量规测量试样尺寸,精确至 0.02 mm。

板材试样。板材试样在 3~13 mm 取原厚。大于 13 mm 时,应从两面均匀的机械加工到(10±0.5)mm。Ⅳ型试样厚度须加工到 13 mm,厚度小于 3 mm 的试样不做冲击实验。

每组试样不少于 5 个。

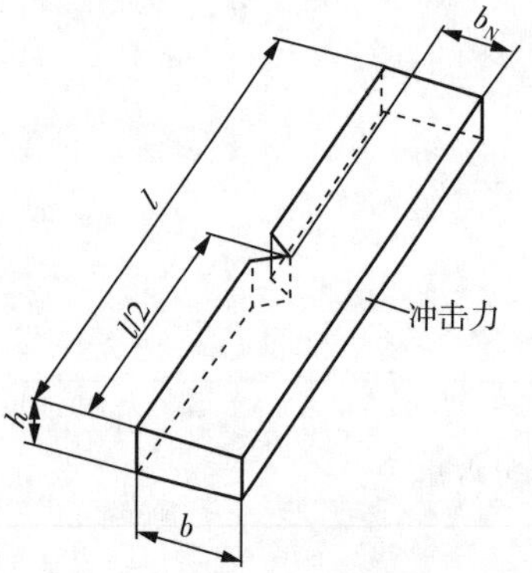

图 2 - 12 简支梁冲击 1 型试样

(2)悬臂梁试样

试样形状和尺寸。依据国标《塑料 悬臂梁冲击强度的测定》(GB/T 1843—2008)规定,选择的样品与简支梁的形状尺寸相同,外观和尺寸精度要求同简支梁。

板材加工试样。当板材厚度为 4~12.7 mm 时,试样厚度为原厚度。当超过 12.7 mm 时,须单面加工到 12.7 mm。模塑成型的试样缺口均加工在板材的侧面,压制成型的试样,缺口加工在平行于成型压力方向的侧面上。

对于各项异性的板材须从板材的纵横两个方向上各取一组试样。每组试样不少于 5 个。

2. 实验设备

实验设备为缺口冲击试验机,如图 2-13 所示。

（a）悬臂梁　　　　　　　　　　　　　　（b）简支梁

图 2-13　缺口冲击试验机

3. 实验步骤

（1）简支梁实验

① 测量试样中部的厚度和宽度,准确至 0.02 mm。缺口试样应测量缺口处的剩余厚度,测量时在缺口两端各测一次,取算术平均值。

② 根据试样破坏时所需的能量选择摆锤,使消耗的能量为摆锤能量的 10%～85%。

③ 调节能量度盘零点。

④ 抬起并锁住摆锤,把试样按规定放在两支撑块上冲击刀刃对准缺口背向的中心位置。

⑤ 平稳释放摆锤,从度盘上读取试样吸收的能量。如试样无破坏应不读取,完全破坏或部分破坏应取值。

注意:如果同一材料可以观察到一种以上的破坏类型,须在报告中标明每种破坏的平均值和破坏的百分数。不同的破坏类型结果不能进行比较。

（2）悬臂梁实验

① 检查试样尺寸测量缺口处试样的宽度，精确至 0.02 mm。

② 选择合适的摆锤，使试样破断时所需的能量为摆锤总能量的 10%～80%。

③ 抬起并锁住摆锤。

④ 用合适的夹持力夹持试样，试样在夹持台不得有扭曲或侧面弯曲。

⑤ 平稳释放摆锤，从度盘上读取试样吸收的能量。

4. 结果的计算和表示（只讲简支梁实验，悬臂梁实验类似）

缺口试样简支梁冲击强度公式为

$$a_k = \frac{A_k}{b \times d_k} \times 10^3$$

式中：a_k——缺口试样简支梁冲击强度，kJ/m^2；

A_k——试样吸收的冲击能量，J；

b——试样的宽度，mm；

d_k——缺口试样缺口处剩余的厚度，mm。

注意刻度盘上的单位与标准单位换算。

5. 实验记录

将冲击实验的实验数据记录在表 2-8 中。

表 2-8 冲击实验记录表

试样宽度/mm	缺口剩余厚度/mm	冲击能量	缺口冲击强度
试验机		实验人	实验日期
样品名称			

【弯曲实验】

1. 原材料试样

(1)试样尺寸。标准试样:标准弯曲样条为长方体,长为(800±20)mm,宽为(10±0.5)mm,厚为(4±0.2)mm。

非标准试样:试样的长度为厚度的 20 倍以上。

厚度小于 1 mm 的试样不适于作弯曲实验;厚度大于 50 mm 的板材,应从单面加工至 50 mm,加工面朝向压头。

(2)试样的制备和外观检查与拉伸样条要求相同。每组试样不少于 5 个。

2. 实验设备

实验设备为电子试验机,弯曲测试的夹具。

3. 实验步骤

(1)测量试样的宽度、厚度,准确至 0.02 mm,测量三点取其算术平均值。

(2)调节跨度为试样厚度的 16±1 倍。

(3)调节实验速度,标准试样的速度为(2.0±0.4)mm/min,非标准试样的速度按下式计算:

$$V=\frac{S_r \cdot L^2}{6h}(1+\frac{4d^2}{L^2})$$

式中:V——实验速度,mm/min;

　　S_r——应变速率,每分钟为 0.01;

　　L——跨度,mm;

　　h——试样厚度,mm。

(4)估计试样断裂的负荷,选择负荷范围。压头与试样应是线接触,并保证与试样宽度的接触线垂直于试样长度方向。

(5)开动试验机,加载并记录下列数值:

① 在规定挠度等于试样厚度的 1.5 倍时或之前出现断裂的试样,记录其断裂弯曲负荷及挠度。

② 在达到规定挠度时不断裂的试样,记录达到规定挠度时的负荷。如果产品标准允许超过规定的挠度,则继续进行实验,直至试样达到最大负荷或破坏,记录此时的负荷及挠度。

③ 在达到规定挠度之前,能指示最大负荷的试样,记录其最大负荷及挠度。

④ 如果测定弯曲弹性模量,应经常读取负荷及对应的挠度值,以绘出平滑的负荷-挠度曲线。

4. 结果的计算和表示

弯曲强度 σ_f:

$$\sigma_f = \frac{3FL}{2bh^2}$$

式中:σ_f——弯曲强度,MPa;

F——试样所承受的弯曲负荷,N;

L——试样跨度,mm;

b——试样宽度,mm;

h——试样厚度,mm。

弯曲弹性模量 E_f:

$$E_f = \frac{L^3}{4bh} \cdot \frac{F}{Y}$$

式中:E_f——弯曲弹性模量,MPa;

L——试样跨度,mm;

b——试样宽度,mm;

h——试样厚度,mm;

F——在负荷-挠度曲线的线性部分上选定的负荷,N;

Y——与负荷相对应的挠度,mm。

5. 实验记录

将弯曲实验的实验数据记录在表 2-9 中。

表 2-9　弯曲实验记录表

试样宽度/mm	试样厚度/mm	弯曲负荷	弯曲强度

（续表）

试样宽度/mm	试样厚度/mm	弯曲负荷	弯曲强度
试验机		实验人	实验日期
样品名称			

【成型收缩率实验】

1. 实验制品及实验仪器

（1）实验制品：注射成型样品。

（2）实验仪器：注射模具、卡尺。

2. 实验步骤

（1）测量制品（厚、薄制品各一个）的长度 L，每个样条测 5 次。

（2）测量模具型腔对应位置（厚、薄模具各一套）的长度 L_0，每个位置测 5 次。

（3）记录数据，并按下式计算：

$$成型收缩率 = \frac{L_0 - L}{L_0} \times 100\%$$

3. 实验记录

将成型收缩率实验的实验数据记录在表 2-10 中。

表 2-10　成型收缩率实验记录表

制品名称	模具尺寸	制品尺寸	成型收缩率/%
厚制品			
薄制品			

【思考题】

(1)影响聚合物试样拉伸强度的主要因素有哪些？

(2)同样是 PP 材料，为什么测定的拉伸强度及断裂伸长率有差别？

(3)在实验中哪些因素会影响测定结果？

(4)缺口试样和无缺口试样的冲击试样现象有何不同？

(5)为什么尼龙试样的冲击强度测定分为干态条件和湿态条件？

(6)为什么弯曲实验要规定试样的宽度，并由厚度决定？

(7)跨度、实验速度对弯曲强度测定结果有何影响？

(8)填料含量增加对弯曲强度测定结果有何影响？

(9)影响成型收缩率的主要因素有哪些？

(10)试分析比较结晶性聚合物与无定形聚合物的成型收缩率的大小？为什么会存在这种差别？

实验六　塑　炼

【实验目的】

(1)掌握物料的塑炼方法。

(2)认识配方中各组分的作用。

(3)正确掌握双辊塑炼机的操作,了解设备的基本结构。

【实验原理】

塑炼的目的是使物料在黏流温度以上和较大的剪切作用下来回折叠、辊压,以达到期望的柔软度和可塑度,使各组分分散更趋均匀,同时驱出可能含有水分等挥发气体,塑炼原理如图2-14所示。对于本实验所采用的聚氯乙烯PVC混合物来说,其经过塑炼后,可塑性得到很大改善,配方中各组分的独特性能和它们之间的协同作用将会得到更大的发挥,这对成型和制品的性能有着极其重要的影响。因此,塑炼过程中与料温和剪切作用有关的工艺参数,设备特性(如辊温、辊距、辊速、时间)及操作的熟练程度都是影响塑炼效果的重要因素。

塑炼过程的主要控制因素:塑炼温度、时间和辊距。

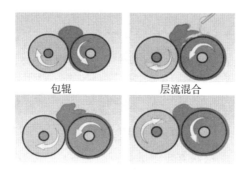

包辊　　　　层流混合

图2-14　塑炼原理

【实验原料与仪器设备】

(1)实验主要原料:PVC树脂、稳定剂、填料。

(2)实验设备:SK-160B型双辊筒塑炼机。结构:由机座、辊筒、滚筒轴承、紧急刹车装置、调距装置等组成;加热方式:电加热;滚筒速比:1∶1.35;辊距可调,如图 2-15 所示;弓形表面温度计(0~250 ℃)。

图 2-15 双辊筒塑炼机

【实验步骤】

(1)准备开机空转,试紧急刹车等,经检查无异常现象即可开始实验。

(2)确定投料量,按照先后次序,逐步把主料、助剂加入辊隙中。

(3)进行塑炼:

① 按照双辊筒塑炼机操作规程,利用加热、控温装置将辊筒预热,当辊筒升温时,用弓形表面温度计对辊筒表面温度进行测量,并调节电压阀使辊筒表面温度达到规定值即可停止调节和测量。

② 恒温 10 min 后,开动双辊筒机,调节辊间距为 2~3 mm。在辊隙上部加上初混物料,操作开始后从两辊间掉下的物料应立即再加往辊隙中,不要让物料在辊隙下方的搪瓷盘内停留时间过长,且注意经常保持一定的辊隙存料。待混合料已黏结成包辊的连续状料带后,适当放宽辊隙以控制料温和料带的厚度。

③ 塑炼过程中,用切割装置或铜刀不断地将料带从辊筒上拉下来折叠辊

压,或者把物料翻过来沿辊筒轴向不同的料团折叠交叉再送入辊隙中,使各组分充分分散,塑化均匀。

④ 辊压 6~8 min 后,再将辊距调为 2~3 mm 进行薄通 1~2 次,若观察物料色泽已均匀、截面上不显毛粒、表面已光泽且有一定强度时,结束辊压过程。迅速将塑炼好的料带整片剥下,平整放置,注明时间和姓名等,放在通风处冷却。

【注意事项】

(1)两辊温度必须严格控制。

(2)两辊操作时必须严格按照操作规程进行,防止将硬物落入辊间。

【思考题】

(1)分析 PVC 树脂相对分子质量大小与产品性能及加工性能的关系。

(2)塑炼过程中为什么要打三角包?

实验七　压缩模塑

【实验目的】

(1)掌握 PVC 复合材料模压成型的方法。

(2)了解 PVC 模压过程所用设备的基本结构原理。

(3)学会使用液压机。

【实验原理】

压制是材料成型的重要方法,正确选择和调节压制温度、压制压力、时间以及制品的冷却温度是控制板材性能的工艺措施。通常在不影响制品性能的前提下,适当提高压制温度,降低成型压力,缩短成型周期对提高平板硫化机(简称"压机")生产效率是行之有效的。但过高的温度、过长的加热时间会加剧树脂降解和熔料外溢,致使制品颜色黯淡、毛边增多及力学性能变劣。

本实验采用平板硫化机,由泵打入液压缸的工作液使其对模具施加一定压力,使制品在加热加压下进行成型,模压实验过程如图2-16所示。

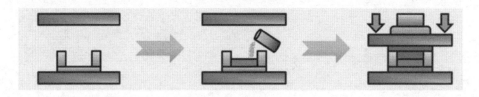

图 2-16　模压实验过程

【实验原料与仪器设备】

平板硫化机技术规格见表 2-11 所列。TH6009-50T 平板硫化机,如图2-17所示。

表 2-11　平板硫化机技术规格

性能	规格	性能	规格
最大锁模力	0.5 MN	热板数量	3
液压系统压力	16.0 MPa	热板间距	125 mm
柱塞行程	250 mm	单加热板功率	3 kW

（续表）

性能	规格	性能	规格
柱塞上升速度	14 mm/s	总加热板功率	9 kW
柱塞下降速度	12 mm/s	最高工作温度	汽 170 ℃ 电 260 ℃
热板尺寸	400 mm×400 mm	电动机功率	2.2 kW

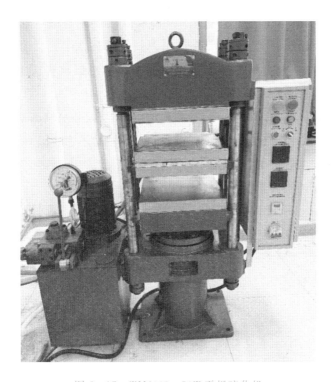

图 2-17 TH6009-50T 平板硫化机

【实验步骤】

（1）按照压机操作规程，检查压机各部分的运转、加热和冷却情况到工作状况，利用压机的加热和控温装置将压机上、下模板加热至（180±5）℃。由压模板尺寸、PVC 板材的模压压力（1.5～2.0 MPa）和压机的技术参数，按下列公式计算出油表压力 P（表压）：

$$P = P_m \times A / \pi R^2$$

式中：P——压机表压读数，MPa；

　　　P_m——模压压力，MPa；

　　　A——模具投影面积，cm^2；

　　　R——压机主油缸柱塞半径，cm。

（2）把裁剪好的片坯称重后，重叠在钢模模具之间，放入压机工作台中心位置，启动压机。使已加热的压机上、下模板与装有叠合板坯的模具相接触（此时模具处于未受压状态），预热板坯 10 min。然后闭模加压至所需表压，当物料温度稳定到（180±5）℃时，保温、保压 5～10 min，并适当降低一点压力以排气避免塑料过多地溢出。

（3）卸压，将热模具整体移至另一台未加热的平板硫化机中，进行保压冷却，注意观察冷却过程中表压的变化。待模具温度降至 80 ℃以下且板材充分硬化后，方能解除压力，取出模具，脱模修边得到 PVC 板材制品。

（4）改变配方或改变配制成型工艺条件，重复上述操作过程进行下一轮实验，可制得不同性能的 PVC 板材。

（5）将压制的实验数据记录在表 2 - 12 中。

表 2 - 12　压缩模塑实验记录表

原料及配方	
模压工艺	

【思考题】

（1）压制的工艺控制参数对 PVC 板材的性能和外观有何影响？举例说明。

（2）何为排气操作？为什么要排气？

（3）升温速率和降温速率为什么不能过快？有何异常现象？

实验八　聚合物加工性能实验

【实验目的】

(1)了解高分子材料熔体流动变形特性以及随温度、应力、材料性质塑化性能变化规律。

(2)掌握由高分子材料流变特性拟定成型加工工艺的方法。

(3)熟悉转矩流变仪测定高分子材料流变性能的原理及操作。

【实验原理】

塑料熔体流变性有多种测定方法。用于测定流变性能的仪器一般称为流变仪,有时又叫黏度计,其类型按施力的状态主要有落球式、转矩式和毛细管挤出式等几种。这些不同类型的仪器,分别适用于不同黏性流体在不同剪切速率范围的测定。几种流变仪测定的剪切速率和黏度范围见表 2 - 13 所列。

表 2 - 13　几种流变仪测定的剪切速率和黏度范围

流变仪	黏度范围/Pa·s	剪切速率/s^{-1}
毛细管挤出式	$10^{-1} \sim 10^{7}$	$10^{-1} \sim 10^{6}$
旋转圆筒式	$10^{-1} \sim 10^{11}$	$10^{-3} \sim 10^{1}$
旋转锥板式	$10^{2} \sim 10^{11}$	$10^{-3} \sim 10^{1}$
平行平板式	$10^{2} \sim 10^{3}$	极低
落球式	$10^{-3} \sim 10^{3}$	极低

在测定和研究塑料熔体流变性的各种仪器中,毛细管流变仪是一种常用的较为适宜的实验仪器,它具有多种功能和宽范围的剪切速率容量,其典型构造如图 2-18 所示。毛细管流变仪既可以测定塑料熔体在毛细管中的剪切应力和剪切速率的关系,又可以根据挤出物的直径和外观或在恒定应力下通过改变毛细管的长径比来研究熔体的弹性和不稳定流动(包括熔体破碎)现象,从而预测其加工行为,为选择复合物配方、寻求最佳成型工艺条件和控制产品质量提供依据,或者为辅助成型模具和塑料机械设计提供基本数据。

毛细管流变仪测试的基本原理:设在一个无限长的圆形毛细管中,塑料熔

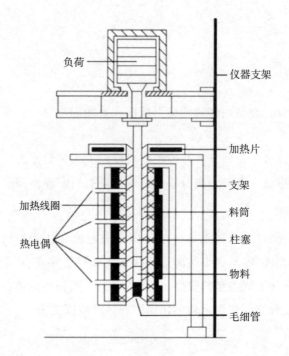

图 2-18　毛细管流变仪典型构造

体在管中的流动为一种不可压缩的黏性流体的稳定层流流动。毛细管两端的压力差为 ΔP，由于流体具有黏性，它必然受到管体与流动方向相反的作用力，通过黏滞阻力与推动力相平衡等流体力学过程原理的推导，可得到管壁处的剪切应力 τ_w(Pa)和剪切速率 γ_w(s^{-1})与压力、熔体流率的关系。

$$\tau_w = \frac{R\Delta P}{2L}$$

$$\gamma_w = \frac{4Q}{\pi R^3}$$

式中：R——毛细管的半径；

　　　L——毛细管的长度；

　　　ΔP——毛细管两端的压力差；

　　　Q——熔体体积流量。

由此，在温度和毛细管长径比(L/D)一定的条件下，测定在不同压力下塑料熔体通过毛细管的流动速率 Q，由流动速率 Q 和毛细管两端的压力差 ΔP，可计算出相应的剪切应力 τ_w 和剪切速率 γ_w。将一组 τ_w 和 γ_w 在双对数坐标纸上绘制流动曲线图,即可求得非牛顿流体流动指数 n 和表观黏度 η_a。改变温度或改变毛细管长径比,则可得到表观黏度 η_a 对时间依赖性的黏流活化能 E_η、离模膨胀比 B 等表征流变特性的物理参数。

大多数塑料熔体都属于非牛顿流体,它在管中流动时具有弹性效应、壁面滑移和流动过程的压力降等特性。况且在实验中毛细管的长度都是有限的。所以,由上述推导测得的实验结果会有一定的偏差。为此,对假设熔体为牛顿流体推导的剪切速率 γ_w 和适用于无限长圆形毛细管的剪切应力 τ_w 必须进行非牛顿修正和入口修正,方能得到毛细管壁上的真实剪切速率和真实剪切应力。不过,修正较烦琐,工作量较大。如若毛细管的 $L/D \geqslant 40$,或测试数据仅用于实验对比时,也可以不做修正要求。

【实验原料与仪器设备】

1. 实验原料

热塑性塑料及其复合粉料、粒料等。根据塑料类型按相应规定进行干燥处理。本次实验试样采用线性低密度聚乙烯 LLDPE 颗粒。

2. 仪器设备

本实验采用 XSS-300 转矩流变仪测量熔体的流变曲线,其测试装置是 LSJ-20 塑料挤出装置和毛细管口模,如图 2-19 所示。

（a）流变仪主机　　　　　　（b）LSJ-20塑料挤出装置和毛细管口模

图 2-19　XSS-300 转矩流变仪

所测塑料在单螺杆挤出机中熔融塑化后被输送,并通过毛细管口模挤出。当塑料熔体通过毛细管口模时,由安装在毛细管口模入口处的压力传感器和热电偶测定出熔体压力和温度,微机记录下熔体压力和温度数值。

LSJ-20 塑料挤出装置主要技术参数见表 2-14 所列。

表 2-14 LSJ-20 塑料挤出装置主要技术参数

螺杆公称直径	20 mm	螺杆长径比	25：1
螺杆转速	5～120 r/min	螺杆特征	渐变
允许最高温度	350 ℃	允许最大扭矩	120 N·m
最高产量	3.5 kg/h		
毛细管口模规格	10：120：130：140：1		

其他实验工具：天平 1 台，精度 0.01 g；秒表 1 个；游标卡尺，最小分度 0.02 mm。

【实验步骤】

1. 准备工作

(1)了解转矩流变仪的用途、测试装置的工作原理和主要技术参数、仪器使用和清理的有关规定。

(2)组装设备。先将 LSJ-20 塑料挤出装置与动力系统组装起来，然后把毛细管口模紧密安装在挤出机上，最后相应地插上所有的电加热插头、压力插头和热电偶插头。这项工作由设备负责人或实验教师完成，做实验的学生观看。

2. 实验操作

(1)启动转矩流变仪的微机及动力系统，设置各段加热区的温度，并点击"开始加热"按钮开始加热。

(2)当各段加热区都已达到所设定的温度后，保温 20 min，以使各段内部温度均匀和稳定。

(3)启动挤出机，加料。启动挤出机，将螺杆转速调至实验值，加料，当挤出条件达到平衡后，开启打印机，开始实验，记录实验数据。取样(每 0.5 min 取一次，连续取 3 次)，测试塑料熔体的质量流速(g/min)，根据密度 $\rho = 0.935$ g/ cm^3 换算出体积流率 Q。收集挤出物，观察外形，测量直径，根据口模直径 1.2 mm 计算挤出胀大比。

(4)清理。试验结束后，继续加热，挤出机继续转动，直至口模内物料熔体全部挤出。停止加热，停止转动，卸下口模，清理挤出机和口模内的残料。如果接下来的实验随之进行，可不必清理。

3. 试验内容

(1)第一小组:口模温度固定为 160 ℃,口模长径比为 40∶1 时,调节螺杆的转速,在不同转速下重复上述实验操作。螺杆转速以 10 r/min 之差递增,从 10 r/min升至 50 r/min 进行实验。

(2)第二小组:口模温度固定为 170 ℃,口模长径比为 40∶1 时,调节螺杆的转速,在不同转速下重复上述实验操作。螺杆转速以 10 r/min 之差递增,从 10 r/min升至 50 r/min 进行实验。

(3)第三小组:口模温度固定为 180 ℃,口模长径比为 40∶1 时,调节螺杆的转速,在不同转速下重复上述实验操作。螺杆转速以 10 r/min 之差递增,从 10 r/min升至 50 r/min 进行实验。

(4)第四小组(可选):口模温度固定为 190 ℃,口模长径比为 40∶1 时,调节螺杆的转速,在不同转速下重复上述实验操作。螺杆转速以 10 r/min 之差递增,从 10 r/min 升至 50 r/min 进行实验。

通过实验可以直观地获得转矩-时间曲线,每个小组都能得到不同转速下的转矩-时间曲线,对比转速对聚合物熔体流动性的影响规律。此外,通过对比相同转速、不同温度下的转矩-时间曲线,可以得到温度对聚合物熔体流动性的影响规律。可选取 50 r/min 转速,不同温度下的曲线进行对比。

根据压力数据换算剪切应力 τ_w,根据流量换算表观剪切速率 $\dot{\gamma}'_w$。每小组做一条曲线,每大组三条曲线综合成为一个完整的剪切应力-剪切速率曲线图,求出流变指数 n 值。

4. 实验结果与实验报告

(1)实验结果

① 计算公式如下:

A. 熔体体积流量 $Q(\text{cm}^3/\text{s})$ 为

$$Q = \frac{M}{60\rho_m}$$

式中:M——熔体质量流量,g/min;

ρ_m——试样的熔体密度,g/cm³。

B. 表观剪切速率(1/s)为

$$\dot{\gamma}'_w = \frac{4Q}{\pi R^3}$$

C. 熔体的表观黏度 η_a

$$\eta_a = \frac{\tau_w}{\gamma'_w}$$

式中：τ_w——管壁处的表观剪切应力；

γ'_w——管壁处的表观剪切速率。

D. 非牛顿修正公式为

$$\ln\tau_w = \ln K + n\ln\gamma_w$$

$$\gamma_{w修} = [(3n+1)/4n]/\gamma_w$$

式中：$\gamma_{w修}$——管壁处的真实剪切速率；

n——非牛顿指数。

E. 离模膨胀比 B 为

$$B = \frac{D_s}{D}$$

式中：D_s——挤出物直径，mm；

D——毛细管直径，mm。

② 数据处理及作图步骤如下：

A. 将测试数据代入以上公式中，分别计算出各转速下熔体体积流量 Q 及其对应的表观剪切应力 τ_w 和表观剪切速率 $\dot\gamma'_w$。

B. 计算熔体的表观黏度 η_a，并记录 Q、τ_w、$\dot\gamma'_w$、η_a 的计算值，同时在双对数坐标纸上绘制 τ_w 对 $\dot\gamma'_w$ 的流变曲线，在 $\dot\gamma'_w$ 不大的范围内可得到一条直线，该直线的斜率即为非牛顿指数 n。

C. 将非牛顿指数 n 和 $\dot\gamma'_w$ 代入修正式中，进行非牛顿修正，得到毛细管管壁处的真实剪切速率 $\dot\gamma_w$。

D. 利用不同温度下测得的塑料熔体表观黏度绘制 $\ln\eta_a$ - $\frac{1}{T}$ 关系图，在一定温度内图形应是一直线，该直线的斜率即能表征熔体的黏流活化能 E_η。

E. 将挤出物（单丝）冷却后用游标卡尺测量其直径 D_s（为减少由挤出物自重所引起的单丝变细，测量应靠单丝的始端进行，最好选用溶液接托法取样），计算出离模膨胀比 B；用放大镜观察挤出物的外观（表面粗糙无光和表面呈微细不规则且有相当间距的棱柱形者为鲨鱼皮症；挤出物被扭曲的为波纹；竹节或螺旋以及支离破碎的料团为熔体破碎）。

（2）实验报告。实验报告应包括下列内容：实验目的和实验原理；实验仪器、原材料名称；实验条件、实验操作步骤；实验数据记录及数据处理；解答思考题。

【注意事项】

（1）未经老师同意，不得操作和触动计算机及仪器的各个部分。

（2）挤出机各段温度未达到工艺要求时，不得进行实验。

（3）改变口模温度时取样。各段加热区一定要在所设定的温度下保温20 min后再开始取样。

（4）改变转速时取样。一定要在转速稳定后取样。

（5）取样要迅速，不得拉拽。一定要用切刀或剪刀切断或剪断。

（6）实验过程中，注意观察扭矩、温度、压力等工艺参数的变化，并进行记录。

（7）把塑料倒入料斗时，检查有无铁屑、铁钉之类金属或其他异物混入物料，以免在螺杆旋转时损坏仪器或影响实验结果的可靠性。

（8）挤出机的料筒及口模加热温度比较高，不要裸手触摸，以免发生烫伤事故。

（9）实验结束后，清理工具，打扫卫生。

【思考题】

（1）试考虑为什么要进行非牛顿修正和入口修正？

（2）为保证实验结果的可靠性，操作及实验数据处理中应特别注意哪些问题？

（3）如何使用高分子材料的流变曲线指导成型加工工艺制定？

实验九　流延制膜

【实验目的】

(1)掌握流延制膜的工艺与方法。

(2)认识聚丙烯流延制膜配方中各组分的作用。

(3)正确掌握流延机的操作,了解设备的基本结构。

【工作原理】

首先树脂由挤出机熔融塑化,熔融的树脂经过模头流到光洁的冷却辊上迅速冷却成膜,经切边、测厚、电晕等处理后,牵引收卷成膜。流延制膜通常有单层流延和多层共挤流延两种方式。与吹塑薄膜相比,流延制膜生产速度快、产量高,薄膜的均匀性、透明性、光泽性都更加优异,且便于印刷、复合等后续加工,广泛应用于食品、医药、纺织品、日用品的包装。

【实验原料与仪器设备】

实验原料:选用树脂熔体流动性好的专用树脂,熔体流动速率为 3～12 g/10 min 的聚丙烯树脂,如燕山牌 705、2635,辽阳石化 1178、1278 和 31308,上海石化 PPH-IS-075 等。

仪器设备:宝鼎精密仪器有限公司的实验室流延膜机 BD-8850-B,该流延膜机规格参数见表 2-15 所列,设备如图 2-20 所示。

表 2-15　BD-8850-B 流延膜机规格参数

规　格	参　数
螺杆直径	25 mm
螺杆数量	1 根
螺杆转速	0～50 r/min 变频调速
加热功率	机筒入料段加热 1 区 800 W
	机筒熔融段加热 2 区 800 W
	机筒均化段加热 3 区 800 W
	机头口模段加热 4 区 800 W
	机头口模段加热 5 区 3000 W

（续表）

规 格	参 数		
加料口冷却方式	软水冷却		
主电机	2.2 kW		
减速机转速比	1：10		
体积	1200 mm×700 mm×1450 mm(W×D×H)		
电源	3ϕ. AC380V. 25A		
衣架型模头	口模宽度：400 mm		
	出膜宽度：200～250 mm(视材料工艺而定)		
	制品厚度：0.05～0.5 mm(视材料工艺而定)		
	流道形式：衣架式流道		
总机尺寸	2800 mm×930 mm×1450 mm		
总重量	约700 kg		

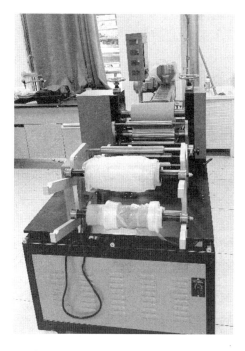

图2-20 BD-8850-B流延膜机设备

【实验步骤】

流延制膜实验的工艺顺序如下:PP 树脂→单螺杆挤出机塑化→熔融料流延成型→冷却成型→牵引→收卷→性能检测。

1. 机器空运转试车

(1)点动主机启动键,检查主电机旋转方向是否正确。

(2)机器在最低速空转,检查螺杆与机筒间有无刮碰现象,电机、减速器、电控系统是否正常。

2. 流延挤出制膜

(1)分别设置挤出机的 5 个加热段的温度,启动加热,达到设定的温度后,保温 30 min 以上。PP 流延挤出机温设置见表 2-16 所列。

表 2-16　PP 流延挤出机温度设置

温度区域	一区	二区	三区	四区	五区
温度/℃	120	130	145	150	160

(2)将原料投入料斗,慢速开动单螺杆驱动电机,熔体挤出成制品后,观察口模出料,其均匀且塑化良好,则表明该温度和挤出速度是适当的,否则仍需要调整各段的温度和挤出速度。

(3)当口模挤出的制品壁厚一致时,戴好防热手套,小心提拉膜,导入冷却辊筒后迅速拉至牵引导轮,并进行切边、收卷。收卷过程中,应随时监测电控系统各个仪表所显示的数据。

(4)试验完毕,清空料斗中的余料,逐步降低螺杆转速,机头中没有原料挤出后才能停机,接着趁热清理机头和挤套内的残留物。

3. 性能测试

(1)外观、厚度偏差

① 外观。参考《流延聚丙烯(CPP)薄膜》(GB/T 27740—2011),在自然光或 40 W 日光灯下对膜卷进行目测。颗粒、气泡的粒径用带有刻度值为 0.1 mm 的刻度尺测量。膜卷端面不整齐度用精度为 0.5 mm 的钢直尺测量。

② 厚度测试。按薄膜厚度选择不同的取样层数,去掉一层面和一层底进行叠加测厚。在薄膜宽度横向等距取 10 个点测量,分别求厚度算术平均值 L_1、最大厚度值 L_2、最小厚度值 L_3,计算得到平均厚度偏差 Δd、厚度最大偏差 Δd_m 和

厚度最小偏差 Δd_n。S 为公称厚度,单位为 μm。薄膜厚度与取样层数见表 2-17所列。

表 2-17 薄膜厚度与取样层数

厚度/μm	20~40	41~50	51~80
取样层数/层	7	5	4

$$\Delta d = \frac{L_1 - S}{S} \times 100\%$$

$$\Delta d_m = \frac{L_2 - S}{S} \times 100\%$$

$$\Delta d_n = \frac{L_3 - S}{S} \times 100\%$$

(2)物理机械性能

拉伸强度和断裂标称应变。两者依据《塑料 拉伸性能的测定 第3部分:薄膜和薄片的试验条件》(GB/T 1040.3—2006)进行测试,试样为长 100 mm、宽(15±0.1) mm 的长条形,夹具间距离为(50±0.5) mm,试验速度为(300±30) mm/min,纵向横向各取 5 个试样,分别求出算术平均值。

雾度。如制备透明薄膜,可按《透明塑料透光率和雾度的测定》(GB/T 2410—2008)的规定,用雾度计测试样品的雾度,结果取 5 个试样的算术平均值。

【注意事项】

(1)料斗内无料时,切勿长时间空机运转,以免损伤料筒,空机运转不得超过 5 min;

(2)温度未达到时,切勿开机运转,以免损坏螺杆;

(3)原料渗有金属等杂物,将严重损毁料筒和螺杆;

(4)不得用钢质的工具清理机头和辊筒的表面,需要用定制的铜质工具。

【思考题】

(1)如挤出速度过快,应如何调整工艺条件?

(2)牵引速度与挤出速度对流延膜厚度、拉伸强度的影响如何?

(3)拉伸强度、断裂标称应变在纵向和横向有何区别?讨论为何会产生纵横向性能的差异。

实验十　吹塑薄膜

【实验目的】

(1)掌握吹塑薄膜成型方法、工艺。

(2)了解影响薄膜成型和质量的因素。

【实验原理】

(1)挤出型坯。将低密度聚乙烯 LDPE 加入挤出机料筒中,经料筒加热熔融塑化,在螺杆的强制挤压下通过口模挤成圆管形的型坯。

(2)吹胀型坯。用夹板夹持型坯使其成密闭泡管,然后从口模通入压缩空气吹胀型坯。

(3)冷却定型。在压缩空气和牵引冷却辊的作用下,吹胀型坯受到纵横向的拉伸变薄,并同时冷却定型成薄膜。

吹塑过程中,泡管的纵、横向都有拉伸,因而两向都会发生分子取向,要制得性能良好的薄膜,两方向上的拉伸取向最好取得平衡。

一般说来,挤出机料筒各段、机头、口模的温度拟定和冷却效果是重点考虑的工艺因素。

【实验原料与仪器设备】

(1)实验原料:LDPE 树脂。

(2)仪器设备:SJ - 20 型吹塑机、吹塑机头、口模、空气压缩机、冷却风环、吹膜机组。吹膜机组如图2-21所示。

本实验采用的芯棒式机头,冷却和吹胀共用一个气源,空气流量和压力大小可自行调节。

【实验步骤】

(1)了解原料特性,初步设定挤出机各段、机头和口模的控温范围,同时拟定螺杆转速、风环位置、牵引

图 2-21　吹膜机组

速度等工艺条件。

（2）熟悉挤出机操作规程,接通电源,设定挤出机、机头各部位加热温度,开始加热,检查机器各部分的运转、加热、冷却、通气等是否良好,使实验机器处于准备状态。

（3）恒温 20 min 后,启动主机,在慢速运转下先少量加入 LDPE,注意电流计、压力表扭矩值以及出料状况。待挤出的泡管壁厚基本均匀时,可用手(戴上手套)将管状物缓慢引向开动的冷却、牵引装置,随即通入压缩空气。观察泡管的外观质量,结合情况及时协调工艺以及设备因素(如物料温度、螺杆转速、口模同心度、空气气压、风环位置、牵引卷取速度等),使整个操作控制处于正常状态。

（4）将吹膜实验的实验数据记录在表 2-18 中。

表 2-18　吹膜实验数据记录表

实验原料名称、牌号、生产厂家	
挤出工艺	

【思考题】

（1）影响吹塑薄膜厚度均匀性的主要因素有哪些？

（2）吹塑法生产薄膜有何优缺点？

第三章　橡胶加工实验

实验十一　橡胶塑炼与混炼工艺

【实验目的】

(1)熟悉并掌握橡胶配合方法。

(2)熟练掌握开炼机混炼的操作方法、加料顺序。

(3)了解开炼机混炼的工艺条件及影响因素,培养学生独立进行混炼操作的能力。

【工作原理】

实验内容:根据实验配方,准确称量生胶、各种配合剂的用量,将配合剂与生胶混合均匀并达到一定分散度,制备符合性能要求的混炼胶。

开炼机混炼的工作原理:利用两个平行排列的中空辊筒,以不同的线速度相对回转;加胶包辊后,在辊距上方留有一定量的堆积胶;堆积胶拥挤、堵塞产生许多缝隙,配合剂颗粒进入缝隙中,被橡胶包住,形成配合剂团块;配合剂团块随胶料一起通过辊距时,由于辊筒线速度不同产生速度梯度,形成剪切力;橡胶分子链在剪切力的作用下被拉伸,产生弹性变形;同时配合剂团块也会受到剪切力作用而破碎成小团块;胶料通过辊距后,由于流道变宽,被拉伸的橡胶分子链恢复卷曲状态,将破碎的配合剂团块包住,使配合剂团块稳定在破碎的状态,配合剂团块变小;胶料再次通过辊距时,配合剂团块进一步减小,胶料多次通过辊距后,配合剂在胶料中逐渐分散开来。采取左右割刀、薄通、打三角包等翻胶操作,配合剂在胶料中进一步分布均匀,从而使制得的配合剂分散均匀并达到一定的分散度。胶料在开炼机上的工作过程见表 3－1 所列。

表 3－1　胶料在开炼机上的工作过程

生胶在辊筒上的状况				

（续表）

辊温	低——高			
生胶力学状态	弹性固体→高弹性固体→黏弹性流体			
包辊现象	生胶不能进入辊距或强制压入则成碎片	紧包前辊筒，成为弹性胶带，不破裂，混炼，分散好	脱辊，胶带成袋囊形或破碎，不能混炼	呈黏流薄片包辊

【实验原料与仪器设备】

实验原料：生胶，配合剂（硫黄、超速级促进剂、防老剂等），炭黑，填充剂。

仪器设备：ϕ160 mm×320 mm 双辊筒开炼机，上海机械技术研究所产品，主要由机座、温控系统、前后辊筒、紧急刹车装置、挡胶板、调节辊距大小的手轮、电机等部件组成。

【实验步骤】

影响开炼机混炼效果的因素主要有胶料的包辊性、装胶容量、辊温、辊距、辊筒的速比、加料顺序、加料方式及混炼时间等。

（1）根据实验配方，准确称量生胶和除液体软化剂以外的各种配合剂的量，观察生胶和各种配合剂的颜色与形态。

（2）检查开炼机辊筒及接料盘上有无杂物，如有先清除杂物。

（3）开动机器，检查设备运转是否正常，通热水预热辊筒至规定的温度（由胶种确定）。

（4）将辊距调至规定大小（根据炼胶量确定），调整并固定挡胶板的位置。

（5）将塑炼好的生胶沿辊筒的一侧放入开炼机辊缝中，采用捣胶、打卷、打三角包等方法使胶均匀连续地包于前辊，在辊距上方留适量的堆积胶，经过2～3 min 的滚压、翻炼，形成光滑无隙的包辊胶。

（6）按下列加料顺序依次沿辊筒轴线方向均匀加入各种配合剂，每次加料后，待其全部吃进去后，左右 3/4 割刀各两次，两次割刀间隔20 s。

加料顺序：小料（固体软化剂、活化剂、促进剂、防老剂、防焦剂等）→大料（炭黑、填充剂等）→液体软化剂→硫黄和超速级促进剂。

（7）割断并取下胶料，将辊距调整到 0.5 mm，加入胶料薄通，并打三角包，薄通5遍。

(8)按试样要求,将胶料压成所需厚度,下片称重并放置于平整、干燥的存胶板上待用(记好压延方向、配方编号)。

(9)关机,清洗机台。

(10)将橡胶混炼实验的实验数据记录在表3-2中。

表3-2 橡胶混炼实验数据记录表

序号	实验原料名称	原料牌号	生产厂家	质量/g	质量百分数/%
1					
2					
...					
9					
10					

【思考题】

(1)何为橡胶的混炼?用开炼机混炼时三阶段及配合剂的加入次序是什么?

(2)何谓胶料混炼过程中产生的结合橡胶?

(3)混炼胶停放的目的是什么?

(4)影响混炼效果的因素有哪些?

实验十二　橡胶的硫化特性测定

【实验目的】

(1)掌握硫化的本质和影响硫化的因素。

(2)掌握硫化条件的确定和实施方法。

(3)熟悉橡胶硫化仪的结构及工作原理。

(4)熟练操作硫化仪,准确处理硫化曲线。

【实验原理】

硫化是橡胶加工中最重要的工艺过程之一。硫化胶性能随硫化时间的长短有很大变化,正硫化时间的选取决定了硫化胶性能的好坏。测定正硫化程度的方法有三类:物理-化学法、物理性能测定法和专用仪器法。其中,专用仪器法可用门尼黏度计和各种硫化仪等进行测试,由于门尼黏度计不能直接读出正硫化时间,因此大多采用硫化仪来测定正硫化时间,常用的 GT - M2000 - A 型无转子硫化仪如图 3 - 1 所示。

图 3 - 1　GT - M2000 - A 型无转子硫化仪

实验时,下模腔作一定角度的摆动,在温度和压力作用下,胶料逐渐硫化,其模量逐渐增加,模腔摆动所需要的转矩也成比例增加,这个增加的转矩值由传感器接受后,变成电信号再送到记录仪上放大并记录。因此硫化仪测定记录

的是转矩值,由转矩值的大小来反映胶料的硫化程度,其原理归纳如下:

(1)由于橡胶的硫化过程实际上是线性高分子材料进行交联的过程,因此用交联点密度的大小(单位体积内交联点的数目)可以检测出橡胶的交联程度。根据弹性统计理论可知:

$$G = \nu RT$$

式中:G——剪切模量;

ν——交联密度;

R——气体常数;

T——绝对温度。

上式中 R、T 是常数,故 G 与 ν 成正比,只要求出 G 就能反映胶料的交联密度。

(2)G 与转矩 M 也存在一定的线性关系,因为从胶料在模腔中受力分析中可知,转子由于作一定角度的摆动,对胶料施加一定的力使之形变,与此同时胶料将产生剪切力、拉伸力、扭力等。这些力的合力 F 对转子将产生转矩 M,阻碍转子的运动,而且随胶料逐渐硫化,G 也逐渐增加,转子的摆动在定应变的情况下所需的转矩也成比例增加。

由于 M 与 F、F 与 G、G 与 ν 都存在着线性关系,故 M 与 ν 也存在线性关系,因此测定橡胶转矩的大小就可反映胶料的交联密度。

【实验原料与仪器设备】

(1)实验原料:未硫化胶片可采用 NR、SBR、BR 和 NBR 等。

(2)仪器设备:GT - M2000 - A 型无转子硫化仪。

【实验步骤与实验记录】

1. 实验步骤

(1)试样准备。

① 未硫化胶片在室温下停放 2 h 即可进行实验(存放时间不准超过 10 d)。

② 从无气泡的胶片上裁取直径约 30 mm、厚度约 2 mm 的圆片。

③ 试样不应有杂质、灰尘等。

(2)将主机电源及马达电源开启,打开电脑,启动测试程式。

(3)设定测试条件。

(4)将实验胶料放入模腔内,压下合模按钮至上模下降,开始实验。

(5)测试完毕,压下开模按钮,打开模腔取出试样,打印实验数据。

（6）实验完毕，结束程序，关掉电源，清洁现场。

2. 实验记录

硫化仪记录装置所绘出的曲线就是与剪切模量 G 成正比关系的转矩随硫化时间变化的曲线，这个曲线通常叫作硫化曲线，典型的硫化曲线如图3-2所示。

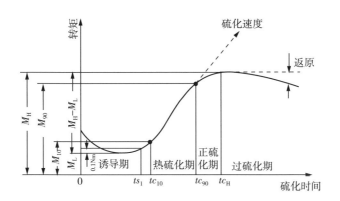

图3-2　典型的硫化曲线

对硫化曲线常用平行线法进行解析，就是通过硫化曲线最小转矩和最大转矩值，分别引平行于时间轴的直线，该两条平行线与时间轴距离分别为 M_L 和 M_H，即 M_L 为最小转矩值，反映未硫化胶在一定温度下的流动性；M_H 为最大转矩值，反映硫化胶最大交联度。

焦烧时间和正硫化时间分别以达到一定转矩所对应的时间表示：

焦烧时间 ts_1 为从实验开始到曲线由最低转矩上升 $0.1\ \text{N} \cdot \text{m}(1\ \text{kgf} \cdot \text{cm})$ 所对应的时间；

起始硫化时间 tc_{10}：转矩达到 $M_{10}[M_L + 10\%(M_H - M_L)]$ 时所对应的硫化时间；

正硫化时间 tc_{90} 为转矩达到 $M_{90}[M_L + 90\%(M_H - M_L)]$ 时所对应的硫化时间。

【思考题】

（1）硫黄在 NR、SBR、BR 和 NBR 这几种橡胶中的溶解性怎样？硫黄交联键的类型有哪几种？

（2）通常测定正硫化时间的方法有哪些？它们所测得的正硫化时间是否完全一样？为什么？

（3）什么是传统硫化体系、有效硫化体系和半有效硫化体系？

实验十三　橡胶的硫化实验

【实验目的】

（1）掌握硫化的本质和影响硫化的因素。

（2）掌握平板硫化机的操作方法。

【实验原理】

硫化是在一定温度、时间和压力下，混炼胶的线型大分子进行交联，形成三维网状结构的过程。硫化使橡胶的塑性降低，弹性增加，抵抗外力变形的能力大大增加，并提高了其他物理性能和化学性能，使橡胶成为具有使用价值的工程材料。

硫化是橡胶制品加工的最后一个工序。硫化程度的好坏对硫化胶的性能影响很大，因此，应严格掌握硫化条件。

（1）硫化机两热板加压面应相互平行。

（2）热板采用蒸汽加热或电加热。

（3）平板在整个硫化过程中，在模具型腔面积上施加的压强不低于3.5 MPa。

（4）无论使用何种型号的热板，整个模具面积上的温度分布应该均匀。同一热板内各点间及各点与中心点间的温差最大不超过 1 ℃；相邻两板间其对应位置点的温差不超过 1 ℃。在热板中心处的最大温差不超过±0.5 ℃。

【实验原料与仪器设备】

（1）实验原料：未硫化胶片可采用 NR、SBR、BR 和 NBR 等。

（2）仪器设备：平板硫化机 TH6009－50T，与实验七中所用设备规格相同。

【实验步骤】

（1）胶料的准备

混炼后的胶片应按《橡胶物理试验方法试样制备和调节通用程序》（GB/T 2941—2006）规定停放 2～24 h，方可裁片进行硫化。其裁片的方法如下：

① 片状（拉力等试验用）或条状试样

用剪刀在胶料上裁片，试片的宽度方向与胶料的压延方向要一致。胶料的体积应稍大于模具的容积，其重量用天平称量，胶坯的质量按照以下方法计算：

$$胶坯质量(g)=模腔容积(cm^3)\times胶料密度(g/cm^3)\times(1.05\sim1.10)$$

为保证模压硫化时有充足的胶量,胶料的实际用量比计算的量再增加5%～10%。裁好后在胶坯边上贴好编号及硫化条件的标签。

② 圆柱试样

取 2 mm 左右的胶片,以试样的高度(略大于)为宽度,按压延垂直方向裁成胶条,将其卷成圆柱体,且柱体要卷的紧密,不能有间隙,柱体体积要稍小于模腔,高度要高于模腔。在柱体底贴面上编号及硫化条件的纸标签。

③ 圆形试样

按照要求,将胶料裁成圆形胶片试样,如果厚度不够时,可将胶片叠放而成,其体积应稍大于模腔体积,在圆形试样底面贴上编号及硫化条件的纸标签。

(2)按要求的硫化温度调节并控制好平板温度,使之恒定。

(3)将模具放在闭合平板上预热至规定的硫化温度±1 ℃范围之内,并在该温度下保持 20 min,连续硫化时可以不再预热。硫化时每层热板仅允许放一个模具。

(4)硫化压力的控制和调节

硫化机工作时,由泵提供硫化压力,硫化压力由压力表指示,压力值的高低可由压力调节阀调节。

(5)将核对编号及硫化条件的胶坯快速放入预热好的模具内,立即合模,置于平板中央,上下各层硫化模型对正于同一方位后施加压力,使平板上升,当压力表指示到所需工作压力时,适当卸压排气 3～4 次,然后使压力达到最大,开始计算硫化时间,在硫化到达预定时间立即泄压启模,取出试样。对新型平板硫化机,合模、排气、硫化时间和启模均为自动控制。

(6)硫化后的试样剪去胶边,在室温下停放 10 h 后则可进行性能测试。

(7)实验记录

将橡胶硫化实验数据记录在表3-3中。

表 3-3　橡胶硫化实验记录表

原料及配方	
硫化工艺	

【思考题】

(1)硫化剂的作用是什么?

(2)喷霜产生的原因是什么? 为避免喷霜应采取哪些措施?

实验十四　橡胶性能测试

【实验目的】

(1)掌握拉伸试样的制备、拉伸性能的测试内容、测试原理。

(2)了解电子试验机的结构。

(3)熟悉电子试验机的工作原理、操作过程。

(4)掌握实验结果的分析。

(5)掌握影响拉伸、撕裂性能的因素。

【实验原理与仪器设备】

实验原理:橡胶性能测试的实验原理与实验五性能测试实验中的原理相同,此处不再重复,请参考前述内容。测定硫化胶拉伸性能用的是电子试验机,更换夹持器后,可进行拉伸、压缩、弯曲、剪切、剥离和撕裂等力学性能试验。附加高温和低温装置即可进行在高温或低温条件下的力学性能试验。

仪器设备:测定硫化胶试样的拉伸、撕裂性能采用电子试验机,如图 3-3所示。

图 3-3　电子试验机

电子试验机基本是由机架、测伸装置和控制台组成。机架包括引导活动十字头的两根主柱,十字头用两根丝杠传动,而丝杠由交流电机和变速箱控制。

电机与变速箱用皮带和皮带轮连接。伺服控制键盘包括上升、下降、复位、变速、停止等。

【拉伸性能测试】

1. 试样准备

（1）硫化完毕的试片，在室温下停放 6 h 后，选用标准裁刀裁切出哑铃形试样。裁刀分为 1、2、3、4 型。其中 1 型为通用型，根据胶料的具体情况选用适当性好的裁刀。裁刀各部位具体尺寸如图 3 - 4 所示，见表 3 - 4 所列。

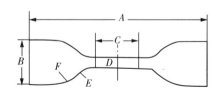

图 3 - 4　哑铃形试样

表 3 - 4　裁刀各部位尺寸　　　　　（单位：mm）

部位	1 型	2 型	3 型	4 型
A（总长）	115	75	110	60
B（端头宽度）	25±1	12.5±1.0	25±1	4.0±0.5
C（两工作标线间距离）	25±0.5	25±0.5	25±0.5	25±0.5
D（工作部分宽度）	6.0±0.40	4.0±0.1	3.2±0.1	1.0±0.1
E（小半径）	14±1	8.0±0.5	14±1	30±1
F（大半径）	25±2	12.5±1.0	20±1	—
厚度	2.00±0.03	2.00±0.03	2.00±0.03	1.00±0.10

（2）1、2、3 型试样应从厚度为（2.00±0.03）mm 的硫化胶片上裁切；4 型试样应从厚度为（1.00±0.10）mm 的硫化胶片上裁切。

（3）试样裁切的方向，应保证其拉伸受力方向与压延方向一致，裁切时用力要均匀，并以中性肥皂水或洁净的自来水湿试片（或刀具）。若试样一次裁不下来，应舍弃之，不得再重复旧痕裁切，否则影响试样的规则性。此外，为了保护裁刀，应在胶片下垫以适当厚度的铅板及硬纸板。

（4）裁刀用毕，须立即拭干、涂油，妥善放置，以防损坏刀刃。

（5）在试样中部，用不影响试样物理性能的印色两条平行标线，每条标线应与试样中心等距。

（6）用厚度计测量试样标距内的厚度，应测量三点：一点在试样工作部分的中心处,另两点在两条标线的附近。取三个测量值的中值为工作部分的厚度值。

2. 试验步骤

(1)将试样对称并垂直地夹于上下夹持器上,开动机器,使下夹持器以(500±50)mm/min 的拉伸速度拉伸试样,并用测伸指针或标尺跟踪试样的工作标线。

(2)根据试验要求,记录试样被拉伸到规定伸长率时的负荷、扯断时的负荷及扯断伸长率(ε)。电子试验机带有自动记录和绘图装置,则可得到负荷-伸长率曲线,试验结果可从该曲线上查处。

(3)测定应力伸长率时,可将试样的原始截面积乘上给定的应力,计算出试样所需的负荷,拉伸试样至该负荷值时,立即记下试样的伸长率(如试验机可绘出应力-应变曲线,也可从该曲线上查出。)

(4)测定永久变形时,将断裂后的试样放置 3 min,再把断裂的两部分吻合在一起。用精度为 0.5 mm 的量具测量试样的标距,并计算永久变形值。

3. 试验结果的计算

(1)定伸应力和拉伸强度计算

$$\sigma = \frac{F}{b \cdot d}$$

式中:σ——定伸应力或拉伸强度,MPa 或 kg·f/cm^3;

F——试样所受的作用力,N 或 kg·f;

b——试样工作部分宽度,mm;

d——试样工作部分厚度,mm。

(2)定应力伸长率和扯断伸长率计算

$$\varepsilon = \frac{L_1 - L_0}{L_0} \times 100\%$$

式中:ε——定应力伸长率或扯断伸长率,%;

L_1——试样达到规定应力或扯断时的标距,mm;

L_0——试样初始标距,mm。

(3)拉伸永久变形计算

$$H = \frac{L_2 - L_0}{L_0} \times 100\%$$

式中:H——扯断永久变形,%;

L_2——试样扯断后停放 3 min 后对起来的标距,mm;

L_0——试样初始标距,mm。

拉伸性能试验中所需的试样数量应不少于 3 个,但是对于一些鉴定、评比、仲裁等试验中的试样数量应不少于 5 个,取全部数据中的中位数。试验数据按数值递增的顺序排列,试验数据如为奇数,取其中间数值为中位数;若试验数据为偶数,取其中间的两个数值的算术平均值为中位数。

4. 实验记录

将橡胶拉伸性能测试实验数据记录在表 3-5 中。

表 3-5 橡胶拉伸性能测试记录表

试样厚度/mm	试样宽度/mm	最大负荷/N	试样伸长/mm	拉伸强度/MPa	断裂伸长率/%
试验机		样品名称		实验人	实验日期
实验条件					

【撕裂性能测试】

1. 试样种类及形状

按试样形状分类,撕裂试验的试样主要有以下几种。

(1)直角形

依据标准《硫化橡胶或热塑性橡胶撕裂强度的测试(裤形、直角形和新月形试样)》(GB/T 529—2008),直角型试样的形状和尺寸如图 3-5 所示。

(2)圆弧形

此类试样又称为新月形,其形状和尺寸如图 3-6 所示。

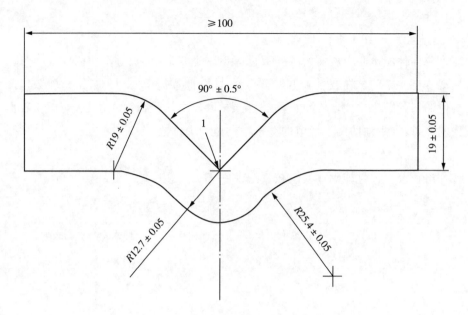

图 3-5　直角型试样的形状和尺寸(单位:mm)

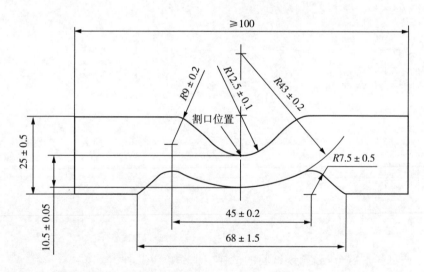

图 3-6　新月形试样的形状和尺寸(单位:mm)

(3)裤形试样

裤形试样的形状和尺寸如图 3-7 所示。它是一种带有割口的试样。该试样在试验机上的夹持时,上下分离。

该试样的特点是其撕裂强度对割口长度不敏感。因此,试验结果的重复性

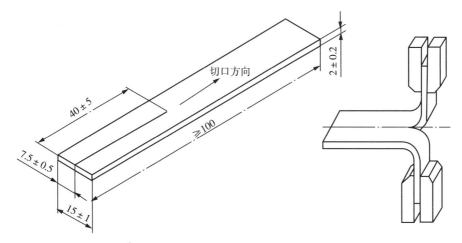

图 3-7　裤形试样的形状和尺寸(单位:mm)

好。它还便于进行撕裂能的计算,为撕裂能的理论分析提供较理想的方法。

直角型撕裂试验,由于试验不需事先割口,故测试的人为影响因素少,本试验选用此法。

2.试样的制备

《硫化橡胶或热塑性橡胶撕裂强度的测试(裤形、直角形和新月形试样)》(GB/T 529—2008)对试样的裁取和圆弧型试样割口方法均有规定。

(1)试样的裁取

圆弧型和直角型试样均用裁刀裁取。裁刀刃口应保持锋利,不应出现缺口或卷刃等现象。用裁片机裁取试样时,可先用水或中性肥皂溶液润滑刀的刃口,以便于裁切。在裁切过程中,为了防止裁刀刃口与裁片机的金属底板相撞而受到损坏,在试样的下面应垫有合适的软质材料。裁取试样时,裁刀撕裂角等分线的方向应与胶料压延、压出方向一致,即试样的长度方向应与压延、压出方向垂直。这是因为,橡胶材料产生裂口后,撕裂扩展的方向常是沿着与压延、压出平行的方向进行的。

(2)试样割口方法

试样在拉伸过程中,为了使应力集中于一点,以便迅速地从此产生裂口,使撕裂从该裂口扩展,可于试样的某一部位进行割口。

按国家标准《硫化橡胶或热塑性橡胶撕裂强度的测试(裤形、直角形和新月形试样)》(GB/T 529—2008)的规定,圆弧形试样试验前应于试样圆弧凹边的中心处割口。割口深度为 0.50 ± 0.05 mm。可采用特制的割口器进行割口。该割口器应有一个用来固定试样的夹持器,使割口限制在一定区域内。由刮脸刀片制成的切割工具夹在垂直于试样主轴的平面内,便可在规定的位置上进行切割。

3. 试验方法

(1)试样条件

《硫化橡胶或热塑性橡胶撕裂强度的测试(裤形、直角形和新月形试样)》(GB/T 529—2008)规定,试验应在标准试验室温度(23±2)℃下进行。在一个或一系列试验进行比较时,必须采用同样的试验温度;试样割口前必须在标准试验室温度下停放至少 3h;若进行老化试验,则割口必须在老化后进行。按《橡胶物理实验方法试样制备和调节通用程序》(GB/T 2941—2006)的规定,试样试验前在标准环境下,停放应不少于 30 min。

(2)厚度测量

《硫化橡胶或热塑性橡胶撕裂强度的测试(裤形、直角形和新月形试样)》(GB/T 529—2008)规定撕裂试样的厚度为 2.0±0.3 mm。对试样厚度的测量部位未做到明确规定,只要求测量试样试验区的厚度。

(3)测试步骤

① 硫化后的试片(厚 2.0±0.3 mm)应在标准室温下停放(不少于 6h,不超过 15 天)。

② 采取试样时,裁刀撕裂角等分线的方向与压延方向一致。

③ 将试样垂直夹于上下夹持器重一定深度,并且使其在平等的位置上充分均匀夹紧。

④ 调好拉伸速度(夹持器中以 500±100 mm/min 的速度在运行)开动试验机,即可对试样施加一个逐渐增加的牵引力,直至试样被撕断后停机。

4. 试验结果的计算

撕裂试验的结果是以撕裂强度表示的。根据《橡胶 术语》(GB/T 9881—2008),撕裂强度的定义为在于试样主轴平行的方向上,拉伸试样直至开裂时的最大力。

圆弧形试样的撕裂强度计算:

$$F_{sy} = \frac{F}{d}$$

式中:F_{sy}——圆弧形试样撕裂强度,kN/m(kg·f/cm);

F——撕裂试样的最大作用力,N(kg·f);

d——试样厚度，mm。

$$F_{sz} = \frac{F}{d}$$

式中：F_{sz}——直角型试样撕裂强度，kN/m(kg·f/cm)；

F——撕裂试样的最大作用力，N(kg·f)；

d——试样厚度，mm。

国家标准《硫化橡胶或热塑性橡胶撕裂强度的测试(裤形、直角形和新月形试样)》(GB/T 529—2008)规定，每个样品至少需要 5 个试样。试样结果以测量结果的算术平均值表示。每个试样的单个数值与平均值之差不得大于 15%，经取舍后试样个数不应少于原试样数量的 60%。

5. 实验记录

将橡胶撕裂性能测试实验数据记录在表 3-6 中。

表 3-6 橡胶撕裂性能测试记录表

试样厚度/ mm	最大负荷/ N	撕裂强度/ kN/m
试验机		样品名称
实验条件		
实验人		实验日期

【思考题】

(1)影响橡胶试样拉伸性能的主要因素有哪些？

(2)影响橡胶试样撕裂强度的主要因素有哪些？

第四章　聚合物基复合材料加工实验

第一部分　复合材料半成品的加工

聚合物基复合材料可以通过树脂组合物与纤维增强材料的直接浸渍并固化成型制备，具有工艺简便、成本较低的优点，但也带来操作环境恶劣、人体危害大、生产效率较低、产品批次稳定性差等问题。针对上述缺点，可将纤维通过预先浸渍或与树脂混合等处理工艺，制成一种可进行储运的干态或半干态的半成品材料，再应用到不同领域成型复合材料制品，由此通过对半成品的质量控制来保障复合材料制品的质量。该类半成品材料主要有连续纤维预浸料（Prepreg）、短纤维增强热固性树脂的片状模塑料（Sheet Molding Compound，SMC）和玻璃纤维毡增强热塑性塑料片材（Glass Matre inforced Thermoplastics，GMT）等几种。

1. 纤维预浸料

纤维预浸料是将树脂体系浸涂到连续纤维或纤维织物上，通过一定的处理方式形成一种储存备用的半成品，它是制造连续纤维增强复合材料制品重要的中间材料。按纤维排布形式不同有预浸胶布、预浸纱带、预浸纱等。预浸料的制备方法目前主要采用热熔浸渍法。热熔浸渍法又分为熔融直接浸渍法和胶膜法两种，其中，熔融直接浸渍法是通过纤维或织物直接浸渍熔融的液态树脂制造预浸料；胶膜法是先将树脂制成胶膜，然后和增强纤维或织物复合形成预浸料。

2. 片状模塑料

片状模塑料是由树脂糊浸渍纤维或短切玻璃纤维（或毡），并在两面覆盖聚乙烯膜而制得的一类片状夹芯式的模塑料。其中，树脂主要为不饱和聚酯树脂，树脂糊是在不饱和聚酯树脂中加入引发剂、增稠剂、低收缩添加剂、无机填料、颜料和脱模剂等制成的树脂混合物，增强材料一般为无捻玻璃粗纱（或毡），其短切长度为 20～50 mm。SMC 用于模压时，只需撕掉两面的聚乙烯薄膜，按制品相应尺寸裁切、叠层，然后放入模具中加温加压固化，即可得到所需制品。

3. 玻璃纤维毡增强热塑性塑料片材(GMT)

玻璃纤维毡增强热塑性塑料片材,是一类用玻璃纤维针刺毡和短切原丝毡增强的热塑性塑料片材,通常厚度为 1～4 mm,玻璃纤维含量一般在 20％～45％,可像薄板一样运输、储存和成型制品。热塑性塑料可以是通用塑料、工程塑料或高性能塑料,纤维可以是短切或长纤维。其制备方法可分为干法和湿法两类。干法生产 GMT 常用聚丙烯(PP),根据需要也可以用尼龙(PA)、聚酯(PET)等,增强材料常用连续玻璃纤维毡、短切玻璃纤维毡和针织玻璃纤维毡等,与挤出机挤出的热塑性塑料片层合,经热压使热塑性树脂浸透玻璃纤维毡,排除气泡,冷却定型后制成 GMT。湿法生产 GMT 主要有悬浮沉积法,其工艺过程是将粉末状热塑性树脂和短切玻璃纤维制成悬浮料浆,进一步沉积形成湿毡,再于复合机内加热、加压、冷却、切断,制成 GMT。GMT 可通过模压、冲压或流动模塑决成型加工。

实验十五　预浸料的性能测试

【实验目的】

(1)掌握预浸料质量要求要点。

(2)了解预浸料挥发分含量、不可溶分含量、凝胶时间等物理概念及意义，并掌握其检测方法。

【实验原理】

预浸料是制备复合材料的中间材料，其质量优劣直接影响最终复合材料制品的性能，其物理性能的测试是材料生产工艺和制造环节的重要依据。对预浸料的基本质量要求包括：①树脂基体与增强体要匹配；②具有适当的黏性和铺覆性；③树脂含量偏差应尽可能低；④挥发分含量应尽可能小；⑤贮存寿命要长；⑥具有适宜的流动度。

预浸料中树脂交联反应程度应适当，过高则模压时树脂不易流动而导致制品缺料；过低则树脂流动性大而导致制品贫胶，因此，预浸料中的树脂状态是重要的检测指标。能够表征复合材料预浸料性能的主要指标有挥发分含量、树脂含量、不可溶性树脂质量分数、凝胶时间和树脂流动度等。

挥发分含量是指预浸料中挥发物的质量占预浸料总质量的分数，挥发分包括溶剂、水汽及其他低分子物等。适当的挥发分有助于树脂流动，提高预浸料的黏性和铺覆性，但挥发分含量过多，则导致孔隙率增大，因此控制预浸料的挥发分含量对减小孔隙率至关重要。通常采用天平称量法测试。

树脂含量是指预浸料中除纤维等增强材料或填料外，树脂、固化剂、增韧剂等各种助剂的质量分数，也称含胶量，记为 W_m。含胶量影响制品的质量和厚度，过高则使制品强度降低，气密性提高；过低则会导致制品中空隙率增加，气密性、耐老化性及剪切强度下降。测量方法主要有空气灼烧法、酸分解法、溶解法、计算法等，其中溶解法简便、准确、常用。

纤维增强复合材料的树脂不可溶分含量（又称固化度），在一定程度上反映热固性树脂的交联程度，该项性能与复合材料的力学性能、耐热性能有着密切关系。测试方法是用接近沸点温度的丙酮提取增强树脂中可溶成分，不可溶分被认为是已固化的树脂。

树脂的流动度是成形时树脂流动能力的表征。流动度小,树脂对纤维的浸透性差;流动度大则树脂易于流胶导致树脂含量减少,还可能影响到制品中的纤维方向。可根据压机作用下树脂固化前发生流动的程度来测试。

预浸料凝胶时间是树脂保持在给定温度下,直至发生凝胶或产生高黏度的时间。树脂体系的凝胶时间影响其工艺性,将引起复合材料工艺参数的调整,否则将影响复合材料的质量。其测定可以评价热固性树脂组成特性进行精确的质量控制。凝胶时间和树脂流动度的测试结果是预浸料质量控制和提高贮存期的主要依据。

【实验原料与仪器设备】

(1)实验原料:预浸料(市购),丙酮、乙醇均为化学纯。

(2)仪器设备:分析天平(感量 0.0001 g)、鼓风干燥箱、恒温水浴、平板硫化机、马弗炉、干燥器、瓷坩埚、铁丝网、玻璃棒、表面皿、铁丝网、定量滤纸、0.4 mm标准筛、称量瓶、吸胶玻璃布、多孔耐热隔离膜、无孔耐热隔离膜(氟塑料膜等),250 mL、500 mL、2 L烧杯。

【实验步骤】

(1)预浸料挥发分含量的测定(参照《预浸料性能试验方法　第 3 部分:挥发分含量的测定》(GB/T 32788.5—2016))

① 从冷藏箱中取出预浸料,置于室温达到温度平衡后开封,取样。

② 预浸料按左、中、右各取 100 mm×100 mm 的试样一片,取样应距样品边缘至少 20 mm,所取试样不应含有断股、起毛、干纱或颜色不均等缺陷。

③ 准确称量其质量 m_1,精确到 0.0005 g。

④ 将试样挂于温度恒定的干燥箱中的支架上,试验条件按表 4-1 中所列预浸料技术条件的规定,注意烘箱温度和停留时间的选择应依据实际的成形加工过程,避免测试误差。

表 4-1　JC/T 776—2004预浸料技术条件

预浸料种类	树脂类型	温度/℃	时间/min
预浸料	聚酯树脂	135±2	15
	环氧树脂	135±2	15
	酚醛树脂	160±2	15

（续表）

预浸料种类	树脂类型	温度/℃	时间/min
预浸布	聚酯树脂	135±2	20
	环氧树脂	160±2	15
	酚醛树脂	180±2	15

⑤ 取出试样，放入干燥器中冷却至室温，称其质量 m_2，精确到 0.0005 g。

⑥ 挥发分 V_C 按 $V_C = \dfrac{m_1 - m_2}{m_1} \times 100\%$ 计算，求出算术平均值，取三位有效数字，m_1、m_2 为烘烤前、后预浸料试样的质量（g）。

（2）预浸料树脂含量的测定（参照《预浸料性能试验方法　第 5 部分：树脂含量的测定》(GB/T 32788.5—2016)）

国标中提出三种测定方法，其中，灼烧法只适用于以玻璃纤维增强的预浸料，萃取法和溶解法不适用于增强材料能溶于溶剂的预浸料或有不可溶树脂的预浸料。

① 灼烧法

A. 取样距边缘至少 50 mm，试样不应含有毛边，试样质量为 2～5 g，试样数量不少于 3 个；

B. 称量：样品置于 625 ℃±20 ℃马弗炉内灼烧后，取出放入干燥器中，冷却至室温，称量至恒重（两次结果相差不超过 0.001 g），记录读数，精确到 0.0001 g；

C. 按步骤 B 分别量取坩埚质量（记为 m_0）、试样置于坩埚中灼烧前的质量（记为 m_1）和灼烧后的质量（记为 m_2），则（$m_2 - m_0$）即为玻璃纤维的质量；

该预浸料树脂质量分数 W_m 按下式计算：

$$W_m = \frac{m_1 - m_2}{m_1 - m_0} \times 100\%$$

式中：m_0——坩埚质量，g；

m_1——灼烧前，坩埚和试样的质量，g；

m_2——灼烧后，坩埚和试样的质量，g。

② 溶解法

A. 取样方法同灼烧法。

B. 将 250 mL 烧杯放入鼓风干燥箱中 105 ℃烘干,称量,记为 m_0,精确到 0.001 g。

C. 将试样切成碎片放入 250 mL 烧杯中,称量,记为 m_1,精确到 0.001 g。

D. 烧杯中倒入足够的溶剂(如丙酮、二氯甲烷、甲乙酮、工业酒精等),盖上表面皿,环境温度下使树脂完全溶解,可通过搅拌或超声波辅助加速溶解。

E. 在 2 L 烧杯上盖上铁丝网,将上述溶剂倒入烧杯,使纤维沉积在铁丝网上。用溶剂反复冲洗纤维(不少于 4 次)至纤维干净(溶剂透明),用最少的溶剂将纤维冲洗到预先干燥并称重的蒸发皿(记为 m_2)上,把铁丝网倒扣在蒸发皿上,将剩余的纤维转移到蒸发皿上。

F. 将蒸发皿和残余物在鼓风干燥箱中 105 ℃干燥 1 h,再放入干燥器中冷却。蒸发皿和残留物一起称量,记为 m_3,精确到 0.001 g。

G. 按下面公式计算预浸料的树脂含量 W_m:

$$W_m = \frac{m_3 - m_2}{m_1 - m_0} \times 100\%$$

式中:m_0——干燥的 250 mL 烧杯质量,g;

m_1——干燥的 250 mL 烧杯和试样质量,g;

m_2——干燥的蒸发皿质量,g;

m_3——干燥的蒸发皿和残留物质量,g。

(3)预浸料树脂不可溶分含量的测定(参照《纤维增强塑料树脂不可溶分含量试验方法》(GB/T 2576—2005))

用接近沸点温度的丙酮提取增强塑料树脂中可溶成分,不可溶分则被认为是已固化的树脂。

① 取样方法同预浸料挥发分质量分数。

② 迅速称量试样质量 m_1。

③ 按乙醇:丙酮＝1:1 配比混合溶剂 600 g,分成 3 杯。

④ 取试样放入第一杯中浸泡溶解 3 min,并可轻轻摇动帮助溶解。

⑤ 用干净不锈钢镊子将样品移入第二杯中浸泡溶解 3 min。

⑥ 用上述方法将试样移入第三杯中漂洗 4 min,取出放入干净表面皿中,在 180 ℃下烘 15 min,除去表面覆盖的溶剂和渗入不可溶树脂中的溶剂。

⑦ 取出放入干燥器中冷却至室温,迅速称量残余试样 m_2。

⑧ 将其放入 650 ℃已恒重 m_0 的坩埚中,再移入 650 ℃马弗炉中灼烧

30 min，取出放入干燥器中冷却至室温，连坩埚一起称重 m_3。

⑨ 不可溶树脂质量分数 W_c 按下式计算：

$$W_c = \frac{m_2 - (m_3 - m_0)}{m_1(1 - V_c) - (m_3 - m_0)} \times 100\%$$

式中：V_c——预浸料挥发分，%；

m_0——坩埚质量，g；

m_1——试样质量，g；

m_2——干燥的玻璃纤维和不溶性树脂的残留物质量，g；

m_3——干燥的坩埚和玻璃纤维残留物质量，g。

(4)预浸料树脂流动度的测定(参照国标 GB/T 32788.5—2016《预浸料性能试验方法　第 2 部分：树脂流动度的测定》)

① 裁剪多片 100 mm×100 mm 的预浸料，叠放至 0.2～0.5 mm 厚得到试样，试样数量不少于 3 个，称量试样，记为 m_1，精确到 0.001 g。

② 制作试样组件，即在试样的上、下面，依次放置多孔耐热隔离膜、吸胶玻璃布、无孔耐热隔离膜，将试样组件置于平板硫化机中，在固化温度下，保持 400～600 kPa 压力直至树脂充分固化，固化条件依据预浸料的技术条件。

③ 从试样组件中取出试样，除去流出的树脂，称重，记为 m_2，精确到 0.001 g。

④ 预浸料树脂流动度计算公式如下：

$$F_r = \frac{m_1 - m_2}{m_1} \times 100\%$$

式中：F_r——预浸料树脂流动度，%；

m_1——试样固化前的质量，g；

m_2——试样固化后的质量，g。

⑤ 计算算术平均值，取 3 位有效数字。

(5)预浸料凝胶时间的测定

① 加热法参照国标《预浸料性能试验方法　第 1 部分：凝胶时间的测定》(GB/T 32788.1—2016)。

A. 用盖玻片夹住预浸料，置于规定温度的电热板上。

B. 用探针拨动树脂，直到树脂流动明显降低至凝胶不能拉丝，记录该时间，从树脂熔融到抽不出丝的这段时间则为预浸料树脂在该温度下的凝胶时间。

② 动态能谱法

试样放在动态热机械仪的机械振荡器中,振荡器以固定频率和应变振动,N_2氛围下线性升温,测得剪切性能的储能模量(G')、损耗模量(G'')和复数黏度,储能模量和损耗模量的交叉点处可认为是预浸料的凝胶点,也称为动态凝胶点。

【思考题】

(1)为什么要控制树脂含量?

(2)如何采用溶解法和灼烧法联用估算预浸料中树脂的交联程度?

(3)影响树脂凝胶时间的因素有哪些? 分析动态能谱法测凝胶时间时,影响剪切性能的因素有哪些?

实验十六 复合材料成型模具的制备

【实验目的】

(1)了解对复合材料模具的基本要求。

(2)掌握玻璃钢模具的制备方法。

【实验原理】

复合材料制品的成型属于模塑成形,需根据制品的结构及性能要求选择模具材料和模具结构。模具按其结构可分为凹模、凸模、对合模和拼装模等形式。按材料种类主要有木模、玻璃钢模、金属模、水泥模、石膏模等,其中玻璃钢模具是由木模或石膏模翻制而成,其优点是质轻、耐久且制造简单,适合于表面质量要求较高、形状复杂的中小型玻璃钢制品。

1. 设计原则

手糊成型模具的设计应根据制品的数量,形状尺寸,精度要求,脱模难易,成型工艺条件(固化温度、压力)等确定模具材料与结构形式。对玻璃钢模具来说:

(1)应有足够的强度和高度;

(2)模具表面胶衣要有一定的硬度和耐热性,能承受树脂固化时的放热、收缩等作用;

(3)模具工作面外形尺寸准确、表面平滑,无气泡和针孔等;

(4)模具表面光泽度为 80～90 光泽单位,或目测有清晰的镜面反光;

(5)应有较小的热容量以便有效地利用热能;

(6)质量轻,材料易得,造价便宜。

2. 模具材料的选择

(1)模具用胶衣树脂:硬度高、耐磨性好,以利于模具打磨抛光处理;耐热性好,耐冲击性好,以经受脱模剂中有机溶剂的侵蚀。一般通用型不饱和聚酯树脂、乙烯基酯树脂、环氧树脂均可用来制作胶衣层。

(2)增强纤维:胶衣层背衬采用 $30～50$ g/m² 表面毡作为增强纤维,起到防止表面树脂层出现微裂纹的作用;表面毡之后采用 $30～50$ g/m² 的短切毡,起到消除模具表明布纹痕迹的作用。增强层可用无碱玻璃纤维的方格布以提高强度。

【实验原料与仪器设备】

(1)仪器及设备:木模、刷子、辊子、600♯、800♯、1000♯和1200♯水砂纸;

(2)原料:不饱和聚酯树脂及其固化剂、脱模剂、抛光膏、玻璃纤维毡、无碱方格布。

【实验步骤】

(1)过渡模(母模)

通常采用木模,表面清理干净,采用回旋法均匀涂抹脱模剂,再用软布擦拭至表面光亮,重复上述操作3次以上。

(2)玻璃钢模具翻制

① 制作胶衣层:在干燥的已涂刷脱模剂的木模表面上涂刷或喷涂胶衣树脂。涂刷3层,每层厚度控制在0.2～0.5 mm,树脂用量为500～600 g/m²。涂刷后在室温下放置至凝胶,凝胶后在40 ℃～50 ℃下加温固化1～3 h。

② 制作增强层:先铺覆1～2层表面毡,再铺一层短切毡。铺覆过程中每铺一层后在其上倒入树脂,并用金属辊子来回辊压,起到压实、浸透、排气作用。待达到凝胶态时开始铺覆无捻方格布。

(3)玻璃钢模具表面处理

① 水磨:脱模后模具按设计要求切边,依次用600♯、800♯、1000♯和1200♯水砂纸加水打磨表面。

② 抛光:再依次用粗目、中目、细目抛光膏抛光。模具在使用前应打蜡上光,反复擦拭2～3次。

【思考题】

(1)复合材料模具常用的脱模剂有哪些?

(2)何为胶衣层? 其主要作用是什么?

第二部分 复合材料成型加工实验

实验十七 复合材料的手糊/袋压成型实验

【实验目的】

(1)了解增强纤维的种类及特性。

(2)理解胶衣树脂、凝胶、脱模强度、富树脂层等物理概念和作用。

(3)掌握真空袋压工艺的成型原理,获得复合材料制品设计的依据。

【实验原理】

手糊成型工艺具有设备简便、生产灵活多样的特点,与真空袋压技术结合可制备形式多样的复合材料。真空袋压成型(Vacuum Bag Molding)工艺是一种低压成型工艺,通过抽气产生约低于 0.1 MPa 的成型压力。即用柔性真空袋(橡胶膜或塑胶膜)将纤维预制件和模具包覆并密封,通过抽真空排除制品中的气泡和挥发物,并借助真空使树脂流动以浸润纤维。制品固化后,揭去真空袋膜,得到所需的制品。该法具有设备费用低、压力在纤维束之间可均匀传递、可优化树脂与纤维含量比例、适用于各种特殊曲面的复合材料成型的特点。

复合材料制品的典型特点是比强度高,而提高纤维含量是最好的解决方法。如果树脂含量高,则制品脆性增加;如果局部缺树脂(贫胶),则纤维不能充分浸渍,从而造成局部强度薄弱。所以挤出多余树脂,优化纤维和树脂比例,得到最大纤维与树脂含量比,是真空袋压制品设计的关键。

图 4-1 为真空袋压铺层结构的示意图,实验条件需满足真空密封的要求,压力为真空压力,温度主要靠烘箱控制。

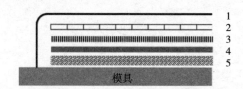

1—真空袋;2—透气毡;3—隔离膜;4—脱模布;5—预浸料。

图 4-1 真空袋压铺层结构示意图

树脂的凝胶时间除与配方有关外,还与环境温度、湿度、制品厚度等有很大关系。因此实验前应做凝胶实验,建议凝胶时间控制在 15~20 min 为宜。

【实验原料与仪器设备】

(1)实验原料:191♯或196♯不饱和聚酯树脂、过氧化环己酮糊、环烷酸钴、无捻玻璃纤维方格布、塑料薄膜等,环氧树脂、固化剂、玻璃纤维或碳纤维布、脱模剂、真空胶条、透气毡、脱模布等辅材等。

(2)仪器设备:玻璃平板模具、辊子、毛刷、刮刀、胶桶、塑料勺、台秤、钢尺、砂纸、手持打磨机、搅拌机、万能电子试验机、洛氏硬度计、真空泵、压力表、阀门、导流管、真空袋、砂纸、钢尺、美工刀、剪刀。

【实验步骤】

(1)裁剪纤维增强织物:按铺层顺序选择表面毡和纤维织物,并分别预算各自的层数;再按制品的形状、尺寸及模具的规格要求合理剪裁织物。

(2)模具预处理:清洁平板玻璃表面,干燥,并在模具表面涂脱模剂,反复涂擦以免有局部遗漏,且模具边缘至少保留 15 cm,便于铺设密封胶条和管路。

(3)树脂胶液的配置

① 表 4-2 为手糊成型推荐配方,在不饱和聚酯树脂中加入引发剂,搅拌均匀后再加入促进剂进一步搅拌均匀,制得的胶液应立即使用。

表 4-2　手糊成型推荐配方

组分	质量分数/%
不饱和聚酯树脂	100
过氧化环己酮	1~2
环烷酸钴	0.5~2

② 真空袋压树脂胶液配方:根据环氧树脂的环氧值确定固化剂用量,充分搅拌使混合均匀。

(4)凝胶时间测试:不饱和聚酯树脂测定可参照《不饱和聚酯树脂试验方法》(GB/T 7193—2008),环氧树脂测定可参照《环氧树脂凝胶时间测定方法》(GB 12007.7—1989)。

(5)手糊成型

① 糊制:先铺设一层玻璃纤维布,用毛刷刷匀,使树脂浸透玻璃布,并用辊

子来回辊压以排除气泡,注意刷涂时要沿着布的径向用力,顺着一个方向从中间向两边把气泡赶尽,使贴合紧密,含胶量均匀。

② 接着铺设下一层玻璃布,重复上述步骤的动作,一般树脂含量约为 50%。

③ 达到所需厚度时,在玻璃纤维/聚酯材料上面铺贴一层塑料薄膜,注意样品表面应光滑、平整。

④ 脱模:室温下 24 h 即可脱模。

⑤ 修边并美化修饰。

(6)真空袋压成型

① 按上述糊制工艺,将真空袋压树脂胶液在玻璃纤维布或碳纤维布上涂刷浸渍,制备预浸料,直至达到所需厚度。

② 沿玻璃模具周边粘贴密封带。

③ 按如下顺序(从下至上)将材料铺好:脱模布、隔离膜或带孔隔离膜(可不铺)、透气毡、真空袋膜,即先铺上脱模布,然后铺导流布,最后铺真空袋。

④ 安装真空阀、快速接头和真空管,并检查气密性。

⑤ 抽真空:启动真空泵对整个体系抽真空,并用力挤压真空袋和胶条的黏结处,使真空表的指针接近 100 kPa。

⑥ 后固化:将成型装置放入烘箱,可选择 80 ℃下固化 3 h 或 130 ℃下固化 1 h,冷却后将制品取出。

⑦ 脱模:树脂凝胶固化到一定程度,即达到脱模强度后,揭去真空袋,从模具上取出制品。

⑧ 修边并美化修饰。

(7)性能测试

① 拉伸性能的测试,实验方法参照《纤维增强塑料拉伸性能试验方法》(GB/T 1447—2005)。

② 冲击性能的测试,实验方法参照《纤维增强塑料简支梁式冲击韧性试验方法》(GB/T 1451—2005)。

③ 弯曲性能的测试,实验方法参照《纤维增强塑料弯曲性能试验方法》(GB/T 1449—2005)。

④ 洛氏硬度的测试,实验方法参照《增强塑料巴柯尔硬度试验方法》(GB/T 3854—2017)。

【思考题】

(1)手糊制品常见的缺陷有哪些？简述其产生的原因？

(2)如何判断制品是否达到脱模的要求？影响脱模强度的因素有哪些？

(3)不饱和聚酯树脂配方中的引发剂和促进剂分别起到什么作用？

(4)真空袋压成型工艺中,哪些参数是影响制品质量的主要因素？

(5)真空袋压成型工艺可以与复合材料的哪些成型工艺联合使用？试推测其效果。

实验十八 片状模塑料的增稠及模压成型实验

【实验目的】

(1)掌握片状模塑料的组成、性能与成型要点。

(2)掌握增稠剂对不饱和聚酯的增稠作用机理。

(3)掌握模压成型的原理及工艺。

【实验原理】

片状模塑料(Sheet Molding Compound,SMC)多为玻璃纤维增强聚酯,主要用于模压成型,是用树脂糊充分浸渍短切玻璃纤维(或毡),并以聚乙烯薄膜覆盖上下两面离型而成。树脂糊由不饱和聚酯树脂、交联剂、引发剂、增稠剂、低收缩添加剂、颜填料、脱模剂、阻聚剂等组成,其中不饱和聚酯树脂和交联剂是 SMC 的主体,增强材料一般都是无捻玻璃粗纱,其短切长度为 20～50 mm。SMC 配方中树脂糊占 35%～75%,玻璃纤维占 25%～35%。SMC 的生产工艺主要有上下薄膜放卷、树脂浸渍收卷过程,使用时只需撕掉两面的薄膜,按制品相应尺寸裁切、称量,然后放入金属模具中加温、加压,即可得到固化制品。

SMC 在制备时要求树脂黏度较低,以利于树脂对增强材料和填料的浸渍,但浸渍完成后又要求坯料黏度较高,以便于储运及模压等操作。加入增稠剂,可以使不饱和聚酯树脂的黏度变化符合工艺要求并达到相对稳定状态。理想的增稠作用曲线如图 4-2 所示,即在浸渍阶段,树脂的增稠要缓慢,以利于树脂对玻璃纤维的浸渍;充分浸渍后,树脂的增稠速度要快,以利于提高生产效率;增稠以后,体系可以保持稳定的状态。SMC 增稠后呈不粘手状态,模压时又可在升温状态下塑化、流动、充模并固化。不饱和聚酯树脂体系常用的增稠剂主要有以下三种:①Ca、Mg 的氧化物和氢氧化物系统(如 MgO、CaO、$Mg(OH)_2$、$Ca(OH)_2$ 等);② MgO 和环状酸、酐的组合系统;③LiCl 和 MgO 的组合系统。增稠效果受增稠剂用量、树脂的化学结构、水分、温度等因素影响。

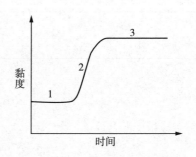

1—浸渍阶段;2—增稠阶段;3—贮存阶段。

图 4-2 理想的增稠作用曲线

【实验原料与仪器设备】

(1)实验原料:不饱和聚酯树脂(191♯或198♯)、苯乙烯、过氧化二异丙苯(DCP)、粉末状聚氯乙烯等低收缩添加剂、硬脂酸锌、碳酸钙、MgO、Mg(OH)₂、短切玻璃纤维毡等。

(2)仪器设备:混合机、台秤、玻璃棒、烧杯、聚乙烯薄膜、玻璃板、辊子、金属对模、台秤、切刀、平板硫化机。

【实验步骤】

1. SMC 树脂糊及增稠

(1)SMC 树脂糊推荐配方见表4-3所列,不同小组可以选择不同类型的低收缩剂及其用量。

表 4-3 SMC 树脂糊推荐配方

组分	质量分数/%
不饱和聚酯树脂	100
苯乙烯	20
氯乙烯-乙酸乙烯共聚物	20
过氧化二异丙苯	1
硬脂酸锌	2
氧化镁	3
碳酸钙	120

(2)在混合机中按配方表配制树脂糊,首先将含有交联剂的不饱和聚酯树脂、引发剂和苯乙烯加入混合机内,搅拌均匀。

(3)低速搅拌状态下依次加入增稠剂、脱模剂填料和低收缩剂,再高速搅拌8~15 min,至各组分均匀分散为止。

(4)记录黏度随时间变化的特性,作增稠曲线。

2. SMC 制备

(1)取两块玻璃板,在其上平铺塑料薄膜,将搅拌均匀的树脂糊平分后分别倒在两块薄膜上,并用玻璃棒将树脂糊铺平。

(2)将玻璃纤维毡铺层于其中一块树脂糊上,并与另一块玻璃板上的树脂糊贴合,用辊子重复辊压由薄膜盖好的树脂糊和玻璃纤维毡,使其良好浸渍。

(3)把制成的 SMC 放入鼓风的烘箱,40 ℃～50 ℃下放置 24 h,达到不粘手的状态为好。

3. SMC 的模压成型

(1)模具预处理:清洁模腔,并涂脱模剂。

(2)预热:将模具放在压机上预热,当温度达 80 ℃～90 ℃时保温 1 h。

(3)备料和装模:按成型形状切割 SMC 片材,称重,撕去 SMC 片上的薄膜,在模具内均匀铺贴。坯料在模具中所放的位置影响着纤维的取向、孔穴含量、流痕形式,因而决定了模压件的质量。

(4)闭模:采用先快速再慢速的动作,即上模板先快速下降,在接近坯料时再缓慢闭模。

(5)加压固化:压机升温至 105 ℃,压力为 30 MPa。按升温速率 10 ℃/min 继续升温,当温度达到 175 ℃时保温 10 min 后,再降温至 60 ℃以下,脱模,清洁模具。

(6)修边并美化修饰。

(7)将模压工艺参数记录在表 4-4 中,观察压制制品的表面状态(平整度、是否有气泡、分层等缺陷)并分析原因。

表 4-4 模塑料模压成型记录表

阶段	压力/MPa	温度/℃	时间/min
黏流阶段(A 阶段)			
凝胶阶段(B 阶段)			
硬固阶段(C 阶段)			

(8)各小组按不同的工艺参数模压成型后,根据实验过程及产品品质建立实验参数与产品品质的基本构效关系,并说明改进的方法。

(9)记录不同低收缩剂种类及用量所得 SMC 制品的成型收缩率。

【思考题】

(1)根据所作增稠曲线说明本实验的增稠机理。

(2)树脂糊中的水分对增稠效果有较大影响,根据不饱和聚酯树脂增稠的机理,分析水分在其中所起的作用? 常用的增稠剂有哪些?

(3)研究不同低收缩剂种类及用量对成型收缩率的影响,并说明作用机理。

(4)试分析片状模塑料模压制品产生翘曲的原因是什么?

实验十九 树脂传递模塑成型实验

【实验目的】

(1)掌握纤维和树脂的特性及其结构和组成对复合材料性能的影响。

(2)理解树脂传递模塑成型的成型工艺原理。

(3)掌握RTM成型工艺的操作方法和技术要点。

【实验原理】

树脂传递模塑成型(Resin Transfer Molding,RTM)是从湿法铺层和注塑工艺中演变而来的一种新兴的复合材料成型工艺,是介于手糊法、喷射法和模压成型之间的一种对模成型法,可以生产出两面光洁的制品。RTM工艺是在一定的温度、压力下,将低黏度的液体树脂注入铺有预成型坯(增强材料)的闭合模腔,浸渍增强材料并加热固化成型的工艺方法。RTM的成型工艺如图4-3所示。

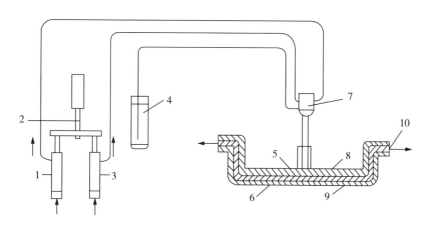

1—比例泵;2—树脂泵;3—催化剂泵;4—冲洗剂;5—树脂基体;
6—增强材料毛坯;7—混合器;8—阳模;9—阴模;10—排气孔。

图4-3 RTM的成型工艺示意图

RTM工艺成本较低,但技术要求较高,其注射工艺参数的调控如下:①注胶压力,模具的压力要与模具的材料和结构相匹配,较高的压力需要高强度、高刚度的模具和较大的合模力;②注胶速度,取决于树脂对纤维的浸润性、树脂的表面张力及黏度,受树脂的活性期、压注设备的能力、模具刚度、制件的尺寸和纤维含量的制约;③注胶温度,温度高会缩短树脂的适用期,温度低会使数值黏度增大,从而导致压力升高,阻碍树脂正常浸渍纤维;温度高也会使树脂表面张力降低,使纤维中的空气受热上升而排出气泡。因此,在未大幅缩短树脂凝胶时间的前提下,为使纤维在最小的压力下充分浸润,注胶温度应尽量接近树脂黏稠时的最小温度。

RTM 对所用树脂具有一定的要求:①因注射成型是在密闭的模具中进行,固化时不可能施加外力和排出低分子物,故只能使用无溶剂和聚合时无低分子物析出的树脂体系,带有真空辅助的 RTM 成型工艺,对挥发分的要求可以放宽;②树脂需具有较低的黏度(一般小于 1.0 Pa·s,以 0.2~0.3 Pa·s 的工艺性能最佳)和较长的适用期,黏度低可使树脂快速充满型腔并有利于对纤维的浸润,适用期长可保证树脂在凝胶前充满整个模具;③树脂体系具有适宜的固化速度,且固化温度不应过高。常用的有不饱和聚酯树脂、环氧树脂、改性酚醛树脂,也适用于双马来酰亚胺、氰酸酯等高性能树脂。

RTM 所用增强材料预成型体可以是玻璃纤维、碳纤维维、芳纶纤维等的短切毡、连续纤维毡、纤维布、纤维织物以及三维编织物。

【实验原料与仪器设备】

(1)实验原料:无捻玻璃纤维纱、环氧树脂胶液、固化剂、脱模剂等。

(2)仪器设备:模具、树脂压注机(含树脂泵、注射枪)。

【实验步骤】

(1)模具准备:清理模具上下表面及各浇口,涂脱模剂。

(2)材料准备:裁剪玻璃纤维布并称重,将玻璃纤维布置于模具并合模,配制树脂胶液并倒入加料容器中。

(3)RTM 注射:升温达到树脂温度且无气泡,按住注射枪上的气动阀门开始注射,注射完毕后,释放注射枪上的气动阀门停止注射,清洗枪头,将注射枪上的阀门置于回流的位置。

(4)后整理:缓慢拉起释放阀,小心卸掉清洗罐中的压力,然后打开顶盖倒入溶剂清洗。

(5)卸模:开模取出制品,去除多余固化树脂,称量计算树脂含量,清理模具。

(6)实验结果:记录实验数据及现象,分析分层、气泡、表面光洁度、厚度均匀性、收缩等现象的原因并提出改进办法。

【思考题】

(1)RTM 工艺的特点是什么？

(2)影响 TRM 制品的主要技术参数有哪些？

(3)RTM 工艺中充模过程对最终制品的质量至关重要,试分析描述充模过程的增强材料渗透率与哪些因素有关。

第五章 综合设计类实验

实验二十 聚丙烯结晶行为及其对相关性能的影响

【实验目的】

(1)掌握成核剂改性聚合物复合材料加工成型过程,并了解高速混合机、双螺杆挤出机、注塑机的操作方法和加工成型原理。

(2)熟悉聚合物复合材料力学性能、动态热机械性能、热变形性能及结晶观察测定全过程。

(3)了解相关测试的主要机械设备,如电子万能试验机偏光显微镜、热变形温度、动态热机械分析仪的基本结构,掌握该设备的操作方法。

【实验原理】

1. 混合

高速混合机是密闭的高强力、非熔融的立式混合设备,由圆筒型混合室和设在混合室底部的高速转动的叶轮组成,在固定的圆筒型容器内,由于搅拌叶的高速旋转而促使物料混合均匀,除了使物料混合均匀外,还有可能使塑料预塑化。在圆筒型混合室内,设有挡板,由于挡板会使物料呈流化状,有利于物料分散均匀,在混合时,物料沿容器壁急剧散开,造成旋涡状运动,由于粒子的相互碰撞和摩擦,导致物料温度上升,水分逃逸,增塑剂被吸收,物料与各组分助剂分散均匀。为提高生产效率,混合过程一般需要加热,并按需要顺序加料。

2. 挤出

将混合后的物料加入双螺杆挤出机,经过加热,剪切,混合以及排气作用,PP以及填料塑化成均匀熔体,在两个螺杆的挤压下熔体通过口模、水槽冷却定型,鼓风机冷却排水,切粒机切割造粒,最终成为聚丙烯填充改性料。

挤出机螺杆和料筒结构直接影响塑料原料的塑化效果,熔体质量和生产效率,与单螺杆相比,其塑化能力、混合作用和生产效率相对较高,主要用于高速挤出,高效塑化,大量挤出造粒。

挤出工艺控制参数包括挤出温度(料筒各段、机头、口模),挤出速率,口模压力,冷却速率,牵引速率,拉伸比,真空度等。对于双螺杆挤出机而言,物料熔融所需要的热量主要来自料筒外部加热,挤出温度应在塑料的熔点(T_m)或黏流温度(T_f)至热分解温度范围之间,温度设置一般从加料口至机头逐渐升高,最高温度较塑料热分解温度 T_d 低 15 ℃ 以上,各段温度设置变化不超过 60 ℃。挤出温度高,熔体塑化质量较高,材料微观结构均匀,制品外观较好,但挤出产率低,能源消耗大,所以挤出温度在满足制品要求的情况下应该尽可能得低。挤出速率同时对塑化质量和挤出产率起决定性的作用,对给定的设备和制品性能来说,挤出速率可调的范围则已定,过高的增加挤出速率,追求高产率,只会以牺牲制品的质量为代价。挤出过程中,需冷却的部位包括料斗、螺杆。料斗的下方应通冷却水,防止 PP 过早地熔化黏结搭桥。另外牵引速率与挤出速率相应匹配,以达到所造的塑料粒子均匀为准。

3. 注塑

采用螺杆式注塑机进行实验,在塑料注射成型中,注塑机需要按照一定的程序完成塑料的均匀塑化,熔体注射,成型模具的启闭,注射成型中压力保持和成型制件的脱模等一系列操作过程。

4. 复合材料力学性能测试

拉伸测试:将试样夹持在专业夹具上,对试样施加静态拉伸应力负荷,通过压力传感器,形变测量装置及处理,测绘出试样在变形过程中的拉伸-应变曲线,计算出曲线上的特征点,如拉伸强度、拉伸断裂应力、拉伸屈服应力和断裂伸长率。

冲击强度测试:对硬质高分子材料试样施加一次冲击负荷使试样破坏,记录下试样破坏时或破坏过程中单位试样截面积所吸收的能量,即冲击强度,来衡量材料的冲击韧性。冲击实验方法可分为简支梁冲击实验、悬臂梁冲击实验和落锤冲击实验。所有冲击实验在(23±2)℃、常湿下进行试样调节,调节时间不少于 4 h。

5. 复合材料耐热性能测试

负荷热变形温度是衡量塑料耐热性的主要指标之一,现在世界各国的大部分塑料产品的标准中,都有负荷变形温度这一指标作为产品质量控制,但它不是最高使用温度,最高使用温度应根据制品的受力情况及使用要求等因素来确定。塑料试样放在跨距为 100 mm 的支座上,将其放在一种合适的液体传热介质中,并在两支座的中点处,对其施加特定的静弯曲负荷,形成三点式简支梁式静弯曲,在等速升温条件下,在负载下试样弯曲变形达到规定值时的温度,为热变形温度。负荷热变形温度测试仪如图5-1所示。

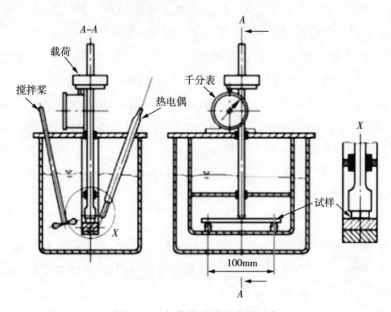

图5-1 负荷热变形温度测试仪

6. 复合材料结晶性能测试

球晶是以晶核为中心成放射状增长构成球形而得名的,是三维结构。球晶的基本结构单元是具有折叠链结构的晶片,晶片的厚度一般在10nm左右。许多这样的晶片从一个中心(晶核)向四面八方生长,发展成为一个球状聚集体。球晶的大小取决于聚合物的分子结构及结晶条件,因此随着聚合物种类和结晶条件的不同,球晶尺寸差别很大,直径可以从微米级到毫米级,甚至可以大到厘米级。球晶尺寸主要受冷却速度、结晶温度及成核剂等因素影响。球晶具有光学各向异性,对光线有折射作用,因此可以用偏光显微镜进行观察。聚合物球晶在偏光显微镜的正交偏振片之间呈现出特有的黑十字消光图案。有些聚合物在生成球晶的过程中,晶片沿半径增长时可以进行螺旋性扭曲,因此还能在偏光显微镜下看到同心圆消光图案。

7. 复合材料动态力学性能测试

高聚物是黏弹性材料,具有黏性和弹性固体的特性。它一方面像弹性材料具有贮存械能的特性,这种特性不消耗能量;另一方面,它又具有像非流体静应力状态下的黏液,会损耗能量而不能贮存能量。当高分子材料发生形变时,一部分能量变成位能,一部分能量变成热而损耗。能量的损耗可由力学阻尼或内摩擦生成的热得到证明。材料的内耗是很重要的,它不仅是性能的标志,而且也是确定它在工业上的应用和使用环境的条件。

如果一个外应力作用于一个弹性体,产生的应变正比于应力,根据虎克定律,比例常数就是该固体的弹性模量。形变时产生的能量由物体贮存起来,除去外力物体恢复原状,贮存的能量又释放出来。如果所用应力是一个周期性变化的力 F^*,产生的应变与应力同位相,过程也没有能量损耗。假如外应力作用于完全黏性的液体,液体产生永久形变,在这个过程中消耗的能量正比于液体的黏度,应变落后于应力 $90°$。聚合物对外力的响应是弹性和黏性两者兼有,这种黏弹性是由于外应力与分子链间相互作用,而分子链又倾向于排列成最低能量的构象。在周期性应力作用的情况下,这些分子重排跟不上应力变化,造成了应变 σ^* 落后于应力 ε^*,而且使一部分能量损耗,应变落后于应力的程度为损耗角 δ。DAM 测试原理如图 5-2 所示。

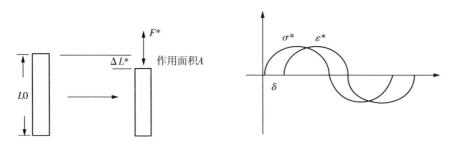

图 5-2　DAM 测试原理

聚合物的转变和松弛与分子运动有关。由于聚合物分子是一个长链的分子,它的运动有很多形式,包括侧基的转动和振动、短链段的运动、长链段的运动以及整条分子链的位移各种形式的运动,这些都是在热能量激发下发生的。它既受大分子内链段(原子团)之间的内聚力的牵制,又受分子链间的内聚力的牵制。这些内聚力都限制聚合物的最低能位置。分子实际上不发生运动,然而随温度升高,不同结构单元开始热振动,并不断外加振动的动能接近或超过结构单元内旋转位垒的热能值时,该结构单元就发生运动,如移动等,大分子链的各种形式的运动都有各自特定的频率。这种特定的频率是由温度运动的结构单元的惯量矩所决定的。而各种形式的分子运动的开始发生便引起聚合物物理性质的变化而导致转变或松弛,体现在动态力学曲线上就是聚合物的多重转变。

【实验原料及仪器设备】

(1)实验原料:聚丙烯、成核剂(TM-3、苯甲酸钠)、液体石蜡。

(2)仪器设备:高速混合机、双螺杆挤出机、注塑机、偏光显微镜、动态热机械分析仪(图5-3)、电子万能试验机、热变形温度测定仪、动态热机械分析仪。

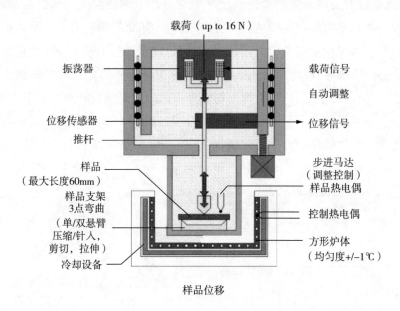

图5-3 动态热机械分析仪

【实验步骤】

1. 混合

将原辅料在高速混合机中混合均匀,具体步骤见实验一。

2. 挤出

将预混好的物料通过挤出造粒制成粒状制品,具体步骤见实验二。

3. 注塑

将挤出制得的制品经注塑制成标准样条,具体步骤见实验四。

4. 结晶性能测试

(1)载玻片放在200℃的电炉上恒温。

(2)将体积尽可能小的聚乳酸/成核剂复合物放到载玻片上待物料熔融后,以45°斜角盖上另一片载玻片,加压成膜,保留5 min以消除热历史。

（3）选择合适放大倍数的目镜与物镜，调好显微镜。

（4）将样品放在载物台上，载物台上放置先前设定好温度的热台。物料在该热台即开始结晶。此时，在正交偏振条件下观察球晶形态，记录视野中球晶出现的时间以及球晶数目，尺寸随时间变化的数据。

5. 力学性能测试

（1）拉伸性能测试：测量试样中间平行部分的宽度和厚度，精确至 0.01 mm；在电子万能拉力机测试软件中设置好测试条件，安装样品，进行测试。

（2）冲击性能测试

① 测量试样尺寸测量缺口处试样的宽度，精确至 0.02 mm。

② 选择合适的摆锤，使试样破断时所需的能量为摆锤总能量的 10%～80%。

③ 抬起并锁住摆锤。

④ 用合适的夹持力夹持试样，试样在夹持台不得有扭曲或侧面弯曲。

⑤ 平稳释放摆锤，从度盘上读取试样吸收的能量。

6. 耐热性能测试

（1）升温，并开动搅拌器慢速搅拌。起始温度应低于该材料软化点温度 50 ℃。

（2）试样的安装：将试样水平放在未加负荷的负载杆压头下，与支架底座接触的试样表面应平整。

（3）插入温度计，使温度计水银球与试样相距在 3 mm 以内，但不能接触试样。

（4）将支架小心浸入浴槽内，试样位于液面下 35 mm 以下，但不能接触浴槽底（此时要停止搅拌，待确定放好了支架以后，再进行搅拌）。

（5）加砝码 A＋C＋D，调节变形测量装置，百分表轻轻接触到砝码盘下，记下百分表的初始读数或调为 0。

（6）按下升温速度旋钮，以 120 ℃/h(2 ℃/min)升温速度均匀升温，慢慢旋动搅拌器开关，让搅拌速度加快，以液体不产生剧烈振动为准。

（7）当百分表显示弯曲变形量达到 0.21 mm 时，应迅速记录此时的温度。此温度则为该材料的热变形温度。

7. 动态力学性能测试

（1）准备厚度为 0～2 mm、长度为 45～50 mm、宽度为 6～10 mm 长方体

试样。

（2）对仪器进行校正。

（3）安装三点弯曲支架。

（4）编辑测试软件，测试温区设定为$-50\ ℃\sim100\ ℃$，测试频率 1 Hz，升温速率 5 ℃/min，振幅为试样厚度 1%～2%。

（5）安装样品，进行测试。

（6）测试完成，取下样品及支架。

（7）通过数据分析软件导出测试数据。

8. 实验数据记录与处理

（1）混合：记录混合时的原料及配方，混合工艺参数及实验现象。

（2）挤出：记录挤出工艺参数及实验现象。

（3）注塑：记录注塑工艺参数及实验现象。

（4）结晶性能测试：将制备好的样品放在载物台上，在正交偏振条件下观察球晶形态，计算不同温度下球晶半径与时间的生成速度，计算不同温度下结晶的成核数。分析成核剂对聚丙烯成核密度和晶体生成速度的影响。

（5）力学性能测试：样条的尺寸、拉伸强度、应力应变曲线、缺口冲击强度。

（6）耐热性能测试：试样的热变形温度以两个试样的算术平均值表示。如果同组试样测定结果之差大于 2 ℃时，则实验无效，必须重做。将制备好的含不同耐热填料碳酸钙的复合材料进行测试，利用热变形温度测定仪测试样品，画出热变形温度与耐热填料含量的关系图，分析成核剂对复合材料热变形温度的影响。

（7）动态热机械性能测试：利用 Origin 软件对测试结果进行作图分析。分析成核剂对复合材料玻璃化转变温度的影响。

【注意事项】

（1）混合、挤出、注塑实验过程中，避免烫伤及机械伤害。

（2）结晶性能测试实验操作中小心烫伤和玻片划伤，真实记录数据。

（3）在测量试样尺寸时必须精确，要求准确至 0.02 mm，这样才能保证计算出来的负荷力的准确。

（4）进行动态机械性能测试时要注意保护仪器，避免震动。严禁在未锁定仪器的情况下触碰支架及样品。严禁触碰液氮装置，避免冻伤。

【思考题】

(1)挤出工艺控制参数对复合材料的性能和外观有何影响?

(2)注塑工艺控制参数对复合材料的性能和外观有何影响?

(3)成核剂对结晶过程有什么影响?

(4)成核剂对复合材料力学性能及热变形温度有什么影响?

(5)根据动态热机械性能测试结果,分析复合材料相转变过程。

实验二十一　包装薄膜性能测试

【实验目的】

(1)了解塑料包装薄膜材料的力学性能、阻隔性能的相关标准以及国标中薄膜和薄片测试的规定方法和原则。

(2)掌握塑料包装薄膜力学性能、阻隔性能检测的工作原理及操作方法。

【实验原理】

1. 薄膜规格、外观

塑料薄膜作为包装材料,它的尺寸规格要满足内装物的需要。有些薄膜的外观与货架效果紧密相连,外观有问题直接影响商品销售。而厚度又是影响机械性能、阻隔性的因素之一,需要在质量和成本上找到最优化的指标。

(1)厚度测定

《塑料薄膜和薄片厚度测定机械测量法》(GB/T 6672—2001)适用于薄膜和薄片的厚度的测定,是采用机械法测量即接触法,测量结果是指材料在两个测量平面间测得的结果。测量面对试样施加的负荷应在 0.5~1.0 N。该方法不适用于压花材料的测试。

(2)长度、宽度

《塑料薄膜和薄片长度和宽度的测定》(GB/T 6673—2001)规定了卷材和片材的长度和宽度的基准测量方法。

塑料材料的尺寸受环境温度的影响较大,解卷时的操作拉力也会造成材料的尺寸变化。测量器具的精度不同,也会造成测量结果的差异。因此在测量中必须注意每个细节,以求测量的结果接近真值。

标准中规定了卷材在测量前应先将卷材以最小的拉力打开,以不超过 5 m 的长度层层相叠不超过 20 层作为被测试样,并在这种状态下保持一定的时间,待尺寸稳定后在进行测量。

(3)外观

塑料薄膜的外观检验一般采取在自然光下目测。外观缺陷在《塑料术语及其定义》(GB/T 2035—2008)中有所规定。缺陷的大小一般需用通用的量具,如钢板尺、游标卡尺等进行测量。

2. 拉伸性能

塑料的拉伸性能试验包括拉伸强度、拉伸断裂应力、拉伸屈服应力、断裂伸长率等试验。《塑料拉伸特性测定第 3 部分：膜及片材的试验条件》(GB/T 1040.3—2006)适用于厚度小于 1 mm 的塑料薄膜或片材，该方法不适用于纺织纤维增强塑料、泡沫塑料的拉伸性能测试。以上标准中分别规定了几种不同形状的试样和拉伸速度，可根据不同产品情况进行选择。如伸长率较大的材料，不宜采用太宽的试样；硬质材料和半硬质材料可选择较低的速度进行拉伸试验，软质材料选用较高的速度进行拉伸试验等等。

3. 热性能——热收缩率 120 ℃ 10 min

热收缩率表征塑料薄膜的热稳定性。《塑料和薄片加热尺寸变化率试验方法》(GB/T 12027—2004)适用于厚度小于 1 mm 的热收缩或非热收缩的塑料薄片尺寸变化的测定。

4. 光学性能——透光率

作为塑料包装材料，对塑料薄膜的光学性能有较高的要求。例如雾度、透光率、光泽度等。《透明塑料透光率和雾度的测定》(GB/T 2410—2008)，适用于测定板材、片状、薄膜状透明塑料的透光率和雾度。

透光率是测定薄膜的光通量大小。雾度：透过透明薄膜而偏离入射光方向的散射光通量与透射光通量之比，用百分比表示。雾度表征透明材料的清晰透明程度，如图 5-4 所示。透光率、雾度与薄膜材料本身固有性质及所用添加物有关，例如，薄膜的结晶度和取向度，添加剂的种类、粒径大小和用量等。同时，也与成型加工过程和环境有关。

5. 阻隔性能——阻气性能

塑料薄膜作为包装材料，需要对内装物起到保护作用，阻隔外界环境对商品的影响，如防潮、防氧化、防油、防气味等。包装用塑料薄膜的阻隔性能直接影响被包装物的保质期，也即货架期。阻隔性能最常关注的是氧气透过率和水汽透过率。

目前国内普通应用的透气性试验方法为《塑料薄膜和薄片气体透过性试验方法压差法》(GB/T 1038—2000)，适用于测定塑料薄膜和片材。试验仪器由低压腔和高压腔组成，将试样贴在高、低压腔之间，密闭两个腔体，用真空泵抽真空，然后向高压腔充 1 个大气压(0.1 MPa)的试验气体。通过测量低压室内的压力增量来计算气体透过量。

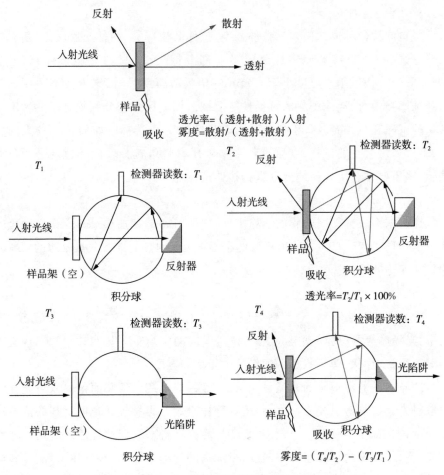

图 5-4 透光率和雾度表示方法

透气性试验采用压差法原理将预先处理好的试样放置在上下测试腔之间夹紧,对低压腔(下腔)进行真空处理,然后对整个系统抽真空,当达到规定的真空度后,关闭测试下腔,向高压腔(上腔)充入一定压力的试验气体,并保证在试样两侧形成一个恒定的压差(可调),这样气体会在压差的作用下,由高压侧通过薄膜向低压侧渗透,通过对低压侧内压强的变化,从而得出所测薄膜的阻隔性参数,如图 5-5 所示。

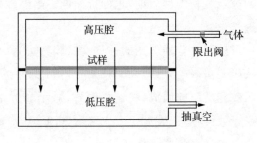

图 5-5 透气性实验装置

【实验原料与仪器设备】

1. 实验原料

LDPE/LLDPE 薄膜（LDPE 薄膜、LDPE3/LLDPE1 薄膜、LDPE2/LLDPE1、LDPE1/LLDPE2 共混物薄膜）、BOPP 薄膜、PA 薄膜，LDPE3/LLDPE1 表示 LDPE：LLDPE 质量比为 3：1。

2. 仪器设备

实验室吹塑机组（SJ－25X28－MF260D）、薄膜测厚仪（上海六菱 CH－1－ST）、电子试验机（美特斯 CMT4104）、透光率测定仪（上海仪电 WGT－S）、透气性测试仪（广州标际 N500）、空气循环烘箱、试样裁刀、钢直尺。

【实验步骤】

1. 规格、外观

（1）厚度测定

使用机械式薄膜测厚仪对吹塑薄膜厚度进行测定。试样及仪器表面应无油污、灰尘等污染。测量前应检查测量仪零点。以等分试样长度的方法确定测量厚度的 10 个位置点。测试时先压下杠杆，将样品测试点平放在测试平台中心，平缓地松开杠杆，放下测量头，从机械表盘上读取厚度示数。计算 10 次测量的平均值为薄膜厚度。

（2）长度、宽度

使用钢尺测定样品的长度、宽度，重复 3 次测试取平均值。

2. 拉伸性能

拉伸强度：这是塑料薄膜最重要的力学性能，它表示在单位面积的截面上所能承受的拉力。断裂伸长率表示一定长度薄膜的单位截面承受最大拉力发生断裂时的长度减去薄膜原来长度与原来长度之比。断裂伸长率表示薄膜的韧性。弹性模量是一个重要的力学性能指标。在弹性范围内纵向应力与纵向应变之比叫作弹性模量，也称杨氏模量。试样采用长 150 mm、宽（15±0.1）mm 的长条形，夹具间距离为 100 mm，拉伸速度（100±10）mm/min，分别测试与吹塑方向水平、垂直试样各 5 条。在测试薄膜的拉伸强度和伸长率的同时，弹性模量的数据也可同时获得。上述力学性能的测试，可使用拉力试验机来完成。切取一段外观质量良好的薄膜，从薄膜纵横不同方向制取性能测试样品，用裁刀制备试样，每组数目 5 个。

3. 热性能——热收缩率

将尺寸为 120 mm×120 mm 的正方形试样 5 片,在试样纵横向中间画有互相垂直的 100 mm×100 mm 标线,将它们平放在(120±1) ℃ 的恒温烘箱内,保持 10 min 后取出,冷至环境温度后,分别测量纵横向标线长度,计算出试样的热收缩率。

4. 光学性能——透光率及雾度

使用上海仪电 WGT-S 透光率/雾度测定仪测定样品的光学性能。该仪器由发射装置和接收装置组成。发射装置可由卤钨灯及透镜射出平行光束,透过样品架射入积分球。积分球入射光斑位置装有反射器和光陷阱的切换装置。反射器及光陷阱大小与透射光斑大小相同。可由电机自动控制切换,将透射光反射回积分球或将透射光束引出积分球。积分球上还装有光电检测器,用来检测最终进入检测器的光通量。

测试时通过测量未安装样品与安装样品,以及装有反射器或光陷阱两种不同情况,组合而成四种不同情况下的光通量 T_1、T_2、T_3、T_4,经公式计算得出透光率与雾度示数。光通量记录表可见表 5-1 所列。

表 5-1 光通量记录表

检测器读数	试样安装	光陷阱	反射器	得到的量
T_1	否	否	是	入射光通量
T_2	是	否	是	通过试样的总透射光量
T_3	否	是	否	仪器的散射光通量
T_4	是	是	否	仪器和试样的散射光通量

$$透光率\ P=T_2/T_1×100\%$$

$$雾度\ H=(T_4/T_2-T_3/T_1)×100\%$$

本次实验仪器可自动计算透光率 P 及雾度 H。

仪器不要摆放在直射光线下,且右侧应留有至少 1.5 m 空间,尤其避免白色反光物体。取下三只保护盖,接通仪器电源,将空样品架安装在仪器左侧入射窗口,等待"准备"指示灯变绿,左侧屏幕显示"P",右侧显示"H",并发出蜂鸣后,按"测试"开关,仪器将显示"P100.00","H0.00"。在此状态下使仪器预热稳定至少 15 min。

按"测试"开关,重新校正 P100,H0.0,再按"测试"键,机器再度出现"P","H"并蜂鸣后,使用磁性夹具将展平的薄膜装上样品架,使圆铁环一面贴紧积分球。按"测试"键,指示灯转为红光,不久后指示灯变绿,即可在左侧屏幕读取透光率百分比,在右侧屏幕读取雾度百分比数值。可重按测试钮得到多次读数取平均值。一般每测完一组样品应使用空样品架进行校正一次。

5. 阻隔性能——阻气性能

使用广州标际 N500 型气体渗透仪测定样品的气体透过率。测试范围为 $0.02 \sim 50000 \ cm^3/(m^2 \cdot d \cdot 0.1 \ MPa)$。测试样品必须完整均匀,无明显的褶皱,无针孔。测试前应用标准样品进行仪器的校正。测试时首先确保仪器连接正常,恒温 23 ℃,双击桌面软件快捷方式,选择通讯→连接,进入 N500 操作软件界面;打开仪器电源开关,观察软件有数据刷新,表明连接正常;然后用取样器选取需要测试的样品,转载样品(装样品时,先在下腔体与 O 型圈接触部分均匀涂上一层薄膜密封脂,在活动块上放置滤纸,将试样覆在滤纸上,如果是复合膜,外层向上放置,最后盖上上腔,用手拧紧三个固紧螺栓,最后用专用扳手旋紧上腔中间的螺丝,盖上保温罩);将钢瓶气压调至 0.1 MPa,打开真空泵电源开关;在软件里设置中进行参数设置(已经设置完成,此步骤可以忽略)确定,在未知阻隔性能的条件下选择"高阻模式";"运行"填写样品信息;运行后系统会自动进行抽真空(5 min 后自动停止,停止后关闭真空泵,拔出气管),之后系统进入稳定过程(已设置为 30 min),最后进行测试。

实验数据选取曲线平稳的一段,测试后"停止",关闭钢瓶,找到测试数据,处理后输出测试报告。测试完毕,关闭仪器电源,关闭软件(膜可以先不取出,下次测试时再取)。

6. 实验记录

(1)配方及工艺:原料及配方,吹塑工艺。

(2)薄膜力学、热、光学、阻隔性能的测试结果。

【实验注意事项】

(1)挤出机加热部分达不到实验要求温度时不得加料开车。

(2)机器一般不允许在空载下运转,以免螺杆和料筒擦伤。

(3)主机或辅机启动前,各电压、速度档应处于最低位置,然后再按实验要求逐步提高,以免负载突然增大而造成设备损坏。

(4)物料被挤出前,不得处于口模的正前方,以免突然喷出烫伤,人工牵引挤出物一定要戴手套,以免烫伤。

(5)严防硬金属杂质落入料斗,清理设备也要用铜质工具或压缩空气,以免损坏螺杆或口模。

(6)实验过程中,同组人员要密切配合,注意安全,发现设备有异常应及时停车并报告指导老师,不得擅自修理。

(7)实验完毕后逐渐减速停车,并清理机头、口模内残料,以便下次实验正常进行。

(8)测试薄膜相关性能过程中,熟悉相关测试标准,严格按照标准和仪器原理测试性能参数。

【思考题】

(1)探讨薄膜力学性能的影响因素。

(2)探讨薄膜热性能的影响因素。

(3)探讨薄膜光学性能的影响因素。

(4)探讨薄膜阻隔性能的影响因素。如何提高材料的阻隔性能?

(5)从分子链结构、聚集态结构、吹塑工艺出发,探讨 LDPE 薄膜、LLDPE 薄膜、LDPE2/LLDPE1、LDPE1/LLDPE2 共混物薄膜的结构对光学、阻隔性能性能的影响。

实验二十二 环氧树脂固化综合实验

【实验目的】

(1)了解环氧树脂高温热固化的机理,掌握固化程度的检测方法。

(2)研究环氧树脂的固化动力学,掌握制定环氧树脂固化工艺参数的方法。

(3)掌握测量复合材料巴氏硬度的方法。

(4)测试玻璃纤维/环氧树脂层合板的动态热机械性能,掌握环氧树脂的增韧改性的方法及增韧机理。

【实验原理】

环氧树脂是含有两个或两个以上环氧基团的化合物,其环氧基可以与胺类、酸酐类等固化剂发生反应而交联固化,固化后的环氧树脂具有良好的机械性能、耐腐蚀性能和电绝缘性能等。环氧树脂是高性能复合材料常用的基体材料,可与碳纤维维等制备复合材料,应用于航空航天、交通运输、风力发电等领域。不同结构的环氧树脂与固化剂可产生不同的性能,具有形式多样、适应性广的特点。

傅里叶变换红外光谱法(FT-IR)是对有机化合物材料进行分析检测的常用方法,通过配备可拆卸的加热附件可实现在线升温红外测试,通过在线测试升温过程中样品红外光谱图的变化,动态反映升温过程中样品结构的变化。环氧树脂作为一种热固性树脂,其加热固化可以采用程序升温红外测试进行直观观察,即将样品压片从室温开始升温,测定不同温度下的红外谱图,观察谱图中环氧、胺基、酸酐、氰基等特征峰的变化,选取特征吸收峰作为参比峰,并根据峰面积的变化计算转化率。

树脂的固化程度是影响其性能的主要问题,而不同的热固化制度下得到的树脂固化度也不同。通过 DSC 检测树脂整个固化过程,获得固化反应总放热曲线,根据 DSC 曲线可以得到固化反应不同阶段的三个重要温度,即开始发生明显交联反应的固化起始温度(T_i)、固化反应放热的峰值温度(T_p)和反应终止的温度(T_f)。由此确定出该树脂配方体系的最佳固化温度范围,获得合理的热固化制度。

非等温法热分析动力学是国际热分析学会动力学分会推荐的可靠、首选的获得动力学参数的热分析方法,可通过 DSC 进行分析,研究动力学的方法主要有微分法(Kissinger 法)和积分法(Ozawa 法)。通过化学反应速率方程,可以

清楚地描述反应进程(转化率或速度)与反应过程参数(如浓度、时间、温度等)的关系,热分析动力学的基础方程如下:

$$\frac{\mathrm{d}\alpha}{\mathrm{d}t} = k(T)f(\alpha)$$

式中:α——转化率;

$\mathrm{d}\alpha/\mathrm{d}t$——反应速率;

$k(T)$——速率常数的温度关系式;

$f(\alpha)$——反应机理函数。

根据 Arrhenius 方程,可得非等温、非均相条件下的动力学方程式:

$$\frac{\mathrm{d}\alpha}{\mathrm{d}t} = A\exp(-E_a/RT)f(\alpha)$$

式中:$\mathrm{d}\alpha/\mathrm{d}t$——反应速率;

$f(\alpha)$——描述反应机理的函数;

E_a——活化能,J/mol;

A——指前因子,s^{-1};

R——普适用气体常数。

对于环氧树脂的固化反应,前人已经提出了多种固化模型,其中被普遍使用的是 n 级反应模型:

$$f(\alpha) = (1-\alpha)^n$$

综合以上两公式最终可得反应速率方程为

$$\frac{\mathrm{d}\alpha}{\mathrm{d}t} = A\exp(-E_a/RT) \times (1-\alpha)^n$$

研究环氧树脂固化动力学目的在于求解出能描述环氧树脂固化反应的上述方程中的"动力学三因子":E、A 和 $f(\alpha)$,建立合理可靠的动力学方程,以描述体系的反应过程。

1. Kissinger 法

对动力学方程式进行 Kissinger 法处理,可得到:

$$\ln\left(\frac{\beta}{T_{\max}^2}\right) = \ln\left(\frac{RA}{E_a}\right) - \frac{E_a}{R}\frac{l}{T_{\max}}$$

通过热分析实验可得到 DTA 曲线,每一条曲线上都有吸热峰或放热峰,峰

顶对应的温度记作 T_{max}，记录不同的升温速率下的 T_{max} 值，记为 (β_y, T_{maxy})，转化为 $(\ln\left(\dfrac{\beta_y}{T_{maxy}^2}\right), \dfrac{1}{T_{maxy}})$。最后将这些点用 origin 软件线性拟合成一条直线，然后由直线的斜率 $\dfrac{-E_a}{R}$ 即可求出反应活化能。

2. Ozawa 法

对动力学方程式进行 Ozawa 法处理，可得到：

$$\lg\beta = \lg\left(\frac{A E_a}{R G(\alpha)}\right) - 2.315 - 0.4567\frac{E_a}{RT}$$

式中：$G(\alpha)$ 为机理函数 $f(\alpha)$ 的积分形式，定义为 $G(\alpha) = \int_0^a \dfrac{d\alpha}{f(\alpha)}$，而 E_a 可用下面方法求得：在不同 β 下，选择相同转化率 α，则 $\lg\dfrac{A E_a}{R G(\alpha)}$ 是定值。在不同的升温速率下，达到相同转化率 α 时所用的温度不同，记为 (β_x, T_x)，转化为 $(\lg\beta_x, 1/T_x)$，最后将这些点用 origin 软件线性拟合成一条直线，然后根据直线的斜率 $-0.4567\dfrac{E_a}{R}$ 即可求出反应活化能。

采用 T-β 外推法，即 T 与 β 变化规律符合公式 $T = A + B\beta$，可将 DSC 曲线得到的各特征固化温度参数拟合后外推至升温速率 $\beta = 0$ 得到环氧树脂体系的最佳恒温固化温度，从而制定体系的固化工艺参数。

复合材料的固化度是热固性聚合物一个重要的参数，可以采用 DSC 法测定，即假设反应放热速率正比于化学反应速率，则在任何时刻的放热总量与反应物消耗量成正比，对 DSC 测得的曲线积分可以得到放热量，进而求出固化度。固化度公式：

$$\alpha(T) = \frac{\Delta H_T}{\Delta H_R}$$

式中：ΔH_T——温度 T 时的放热量；

　　　ΔH_R——总放热量。

工程中常借助树脂在固化过程中力学、电学、化学等性能变化来判断固化程度，硬度法是通过测试制品的硬度来评价树脂的固化程度的一种方法，以硬度计上金属针插入固化树脂表面的深度得到巴氏硬度的数值。

环氧树脂固化物性能较脆，常对其增韧改性。常用的方法主要有：①共聚/共混改性，包括橡胶弹性体增韧、热塑性高聚物增韧；②纳米粒子改性。上述改性方法中,改性剂特别是纳米粒子的分散性及其与树脂结合的界面粘接性能直接影响着环氧复合材料的性能。

【仪器设备】

配有热台的原位升温傅里叶红外光谱仪(FT-IR),差热示差扫描量热仪(DSC)、动态热机械分析仪(DMA)、分析天平、平板浇注模具、巴柯尔(Barcol)硬度计、万能电子试验机、冲击试验机。

【实验步骤】

1. 环氧树脂固化体系的配制

环氧树脂的配方组成包括环氧树脂、酸酐固化剂、增韧剂、固化促进剂等。按照配方称取各组分,混合均匀后将胶液倒入涂有脱模剂的模具中,置于真空干燥箱中抽真空脱泡。基本配方推荐如下:

配方1:100 g E-44,38 g 邻苯二甲酸酐,0.5 g 苄基二甲胺;固化条件:135 ℃下3 h,然后升温到160 ℃恒温1.5 h,24 h后待用。

配方2:100份 E-51,20份邻苯二酸二丁酯,8份乙二胺。固化条件:25 ℃下48 h,80 ℃下2~3 h。

配方3:100份 E-51,4~12份双氰胺。固化条件:160 ℃/30 min。此配方室温下适用期6~12个月。

2. 原位升温 FT-IR 法测量环氧树脂的固化程度

采用原位升温红外透射模式,波数范围500~4000 cm^{-1}。

(1)先对溴化钾片采集基础矢量和背景,再将配方中的胶液样品涂在对应的溴化钾片上,并安装放置在高温透射池中;

(2)设置初始温度25 ℃,等速升温至200 ℃,升温速率为3~5 ℃/min,然后恒温保持60~120 min,完成后自然冷却降温;

(3)升温过程中,采用透射模式每间隔5 min采集实时红外谱图,观测915 cm^{-1}处的环氧基和其他特征峰如羰基等峰强度降低的变化,并根据上述峰值变化计算其转化率,并做转化率随时间变化的关系曲线。

3. 环氧树脂固化反应动力学研究

(1)DSC 试验

① 打开加热炉,放入试样,接通电源,预热30 min;

② 称取配好的环氧树脂固化体系5~10 mg,并装入坩埚中(先称坩埚,加

物料后再称量),用镊子放入炉中试样支持器上;

③ 选定升温速率、试验温度范围、氮气的流速等条件,如氮气流速为 50 mL/min,温度范围 25 ℃～300 ℃,升温速率分别为 5、10、15、20、25 ℃/min;

④ 准备就绪后开启加热升温开关,记录 T_i 和 T_f 两点的时间 t_1 和 t_2。

(2)DSC 数据分析

① 从热分析曲线中找出选定的环氧树脂配方的 T_t、T_p 和 T_f。

② 记录 t 时刻的放热峰面积(ΔH_T)和固化反应总放热量(ΔH_R),并计算体系的固化程度(α);

③ 将数据填入记录表 5-2,并根据 Kissinger 法计算固化反应活化能(E_a);

表 5-2　DSC 数据记录表

$\beta/$ k·min^{-1}	$T_i/$ ℃	$T_p/$ ℃	$T_f/$ ℃	$\Delta T/$ ℃	$t/$ min	$\alpha_p/$ 峰值处	$\Delta H_R/$ J·g^{-1}

④ 以 $\ln(\beta/T^2)$ 对 T_p^{-1} 作图并拟合直线得到截距值 $\ln(AR/E_a)$,求出指前因子(A);

⑤ 求出反应级数 n;

⑥ 采用 Ozawa 法计算上述固化动力学参数,并与 Kissinger 法比较。

4. 制定环氧树脂的固化工艺参数

(1)根据表 5-3 中数据作图,并拟合得到 T_i、T_P 和 T_f 的三条直线,求出拟合直线的相关系数。

(2)将拟合直线外推至 β 为 0 时的 T_i、T_P 和 T_f 分别看作体系的近似凝胶温度、固化温度和后处理温度,并填入记录表 5-3。

表 5-3　固化工艺记录表

样品	凝胶温度/℃	固化温度/℃	后固化温度/℃

(3)确定环氧树脂固化体系的固化工艺参数。

5. 树脂浇注体巴柯尔硬度测试

根据前面制定的环氧树脂热固化工艺参数,分别制备环氧树脂浇注体、玻璃纤维/环氧复合材料,再用巴柯尔硬度计检测其固化情况,测试方法参考《增强塑料巴柯尔硬度试验方法》(GB/T 3854—2017)。

(1)巴氏硬度计每次使用前需用玻璃校正或标定;

(2)测试表面应平整光滑,无气泡和裂纹。将试样放置在试验台面上(应为坚硬稳固的支撑面),记录巴柯尔硬度值。重复 10~20 次,每次测点应至少相隔 5 mm,将结果用统计法求出算术平均值、标准差和离散系数;

(3)测量完以后还应采用玻璃片对巴氏硬度计的压头进行校核。

6. 力学性能测试

根据前面制定的环氧树脂热固化工艺参数,制备玻璃纤维/环氧树脂层合板,并选择丁腈橡胶、尼龙 1010、低分子量(低熔点)尼龙 66 或醇溶性尼龙 6 作为增韧改性剂,通过测试其冲击韧性和弯曲模量,评价其增韧效果,研究其增韧机理。

(1)配方设计

增韧改性:选择几种增韧改性剂,与 100 份环氧树脂在 200 ℃~220 ℃条件下混合均匀,然后迅速降温至 130 ℃,再按配比加入固化剂和固化促进剂,搅拌均匀后马上浇注成试样,并按前面测定的环氧热固化工艺进行固化;

(2)冲击弯曲性能测试

将上述改性后与未改性的试样进行冲击韧性实验和三点弯曲实验,确定改性剂的最佳用量,并记录实验数据。测试标准参照《树脂浇注体力学性能测试方法总则》(GB 2567—2021)和《纤维增强塑料性能测试方法总则》(GB 1446—2005);

(3)DMA 测试

① 测试条件:频率为 1 Hz,升温速率 5 ℃/min,测试温度范围 25 ℃~300 ℃,采用单悬臂梁模式;

② 测试玻璃纤维/环氧树脂层合板的储能模量及损耗模量的曲线图,记录玻璃化转变温度(T_g)和损耗因子 $\tan\delta$。

【思考题】

(1)热分析动力学研究根据升温方式不同可分为等温法和非等温法,说明其优缺点?

(2)工程中说的复合材料"完全固化"是指材料达到何种性状?

(3)给定一个环氧配方,如何制定热固化工艺参数? 说明理由。

(4)通过对材料增韧改性效果的研究,探究复合材料的冲击韧性与弯曲模量的对应关系,并分别说明各类增韧剂的增韧机理。

实验二十三 聚合物基复合材料电学性能综合试验

【实验目的】

(1)熟悉聚合物基复合材料介电性能、导电性能的测试方法,熟练使用介电测试仪、高阻计、四探针测试仪等仪器。

(2)利用渗流阈值理论分析介电、电阻网络的构建,利用介电松弛理论分析界面极化、偶极松弛的微观电参数,构建与相态结构的关系。

(3)研究电阻与导电填料含量的关系,分析其渗流阈值特性。

【实验原理】

材料的电导率是一个跨度很大的指标。根据材料的电导率大小,通常可分为绝缘体(电导率小于 10^{-8} S/m)、半导体(电导率介于 10^{-8} S/m 和 10^2 S/m 之间)和导体(电导率大于 10^2 S/m)三类。材料的介电性能是在电场作用下,造成了电荷的重新分布,以极化方式贮存电荷的性能。

复合材料介电性质是指物质在外加电场作用下产生的偶极极化和界面极化等极化,由于电荷重新排布所表现出来的性质,由原子、离子和分子构成的任何物质都含有各种各样的电荷,其中自由电荷可以发生远程迁移,束缚电荷仅能短距离迁移,影响材料介电性能的主要因素是束缚电荷。介电松弛过程实质上是系统中微观粒子受到电场作用后由于相互作用而交换能量,去极化最后达到稳定的平衡态过程。介电松弛谱的研究目的是考察材料在外加电场作用下的介电松弛过程,即在不同频率下的电场作用下介质的极化与去极化过程规律,一般可以通过介电松弛谱获得被极化材料的极化机理和结构信号,施加不同频率的电场时,不同结构部分对极化强度贡献不同,温度会直接影响聚合物的聚集态结构,聚集态结构则直接影响其极化性质,聚合物的复介电常数随频率的变化函数为频率谱,随温度的变化函数为温度谱。

复合材料绝缘性能可以通过高绝缘电阻仪测量,在样品上施加高电压,采集通过样品的电流,并具有可将微小电流进行放大并测量的测试电路,测得电流值并求得电阻值。仪器具有底板电极、圆柱形测量电极以及环形保护电极三个电极。测量时,将样品放置在底板电极上,然后将圆柱形测量电极以及环形保护电极同心放置于样品上。将底板电极和圆柱形测量电极接入测试电路,可

测定样品的体积电阻值,体积电阻率的计算公式如下:

$$\rho_v = R_v \frac{S}{H}$$

式中:R_v——体积电阻值;

S——圆柱形测量电极底面积;

H——试样的厚度。

将圆柱形测量电极和环形保护电极接入测量电路,可测定样品的表面电阻值,表面电阻率的计算公式如下:

$$\rho_S = R_S \frac{d}{L}$$

式中:R_S——表面电阻值;

L——圆柱形测量电极底面圆周长;

d——圆柱形测量电极与环形保护电极的平均间距。

复合材料的半导体特性可以通过四探针测试仪测量,该仪器为直线式四探针探头,1、2、3、4 四根金属探针等距排成一条直线,并以一定压力压在半导体材料上。在 1、4 探针间通过电流 I,则在 2、3 探针间产生电位差 U。当样品尺寸远大于探针间距时,可通过下式计算样品的体积电阻率:

$$\rho_v = C \frac{U}{I}$$

式中:对于等间距的直线四探针探头:$C = 2\pi d$,U 为电压,I 为电流。若样品面积、厚度较小、不符合半无穷大条件时,需检阅说明书后附的修正参数表对所测得数值进行修正。

由于导电填料含量对样品电阻率影响显著,超出单种仪器的量程,分别使用万用表和高绝缘电阻计对样品在非受力状态下的电阻率进行测量,测量方法均为两线法。使用数字万用表与万能试验机联用测定样品的压阻和电阻松弛特性。将两个铜电极相对放置于样品片材两面,通过导线连接至数字万用表。再将装置安装在万能试验机压缩模块中间位置,铜柱与压缩模块间置有塑料绝缘片以防设备导电。使用软件控制万能试验机以一定速率进行压缩,在获取位移和压力传感器数据的同时,通过与电脑联机的万用表读取实时电阻值数据。达到指定压力后保持位移一定时间,可获取样品在松弛过程中的压力与电阻值数据。

【实验原料与仪器设备】

（1）实验原料：甲基乙烯基硅橡胶、过氧化二异丙苯（DCP）、炭黑、疏水型气相白炭黑、甲基异丁基甲酮、导电银漆、羊毛笔。

（2）仪器设备：双辊开炼机、平板硫化机、介电测试仪、高阻计、四探针测试仪、数字万用表。

【实验步骤】

1. 样品制备

（1）对于炭黑/硅橡胶复合材料，硅橡胶为 100 份，炭黑为 5、10、15、20 和 30份；对于炭黑/二氧化硅/硅橡胶复合材料，硅橡胶为 100 份，炭黑为 10 份，二氧化硅为 5、10 和 15 份。具体配方见表 5-4 所列。

表 5-4　具体配方表

样品	SR（硅橡胶）	CB（炭黑）	SiO$_2$	DCP
SR/5CB	100	5	0	1.5
SR/10CB	100	10	0	1.5
SR/15CB	100	15	0	1.5
SR/20CB	100	20	0	1.5
SR/30CB	100	30	0	1.5
SR/10CB/5SiO$_2$	100	10	5	1.5
SR/10CB/10SiO$_2$	100	10	10	1.5
SR/10CB/15SiO$_2$	100	10	15	1.5

（2）混合：采用熔融共混模压制样。首先，在双辊开炼机上将炭黑、二氧化硅与硅橡胶进行混炼 10 min 后，加入 1.5 份 DCP，混炼 3 min 出料。

（3）模压：将混炼胶置于表面喷涂有聚四氟乙烯的模具中在平板硫化机中硫化（170 ℃下硫化 10 min），压力 10 MPa，其间排气 2 次，将压模取出置于冷压机，在保压状态下冷却，制得 2 mm×150 mm×150 mm 尺寸胶片，并在鼓风干燥箱中进行二次硫化（200 ℃下硫化 3 h）。取出制品，检查是否存在气泡等缺陷，保存以备性能测试。

2. 介电性能测试

（1）测试：将制备好的导电复合材料（炭黑/硅橡胶、炭黑/二氧化硅/硅橡胶复合材料)样品放在安捷伦的 LCR 测量仪的介电夹具上,利用平行板电容法测量试样的复介电系数,仪器的测量频率范围:100 Hz～5 MHz。平行板电容法是在两个电极之间夹入一个薄板材料形成电容器,该法最适合对薄膜进行精确的低频测量。

(2)数据处理:记录不同频率条件下介电性能与频率的关系。根据渗流理论,构建不同导电填料体积分数与介电常数的关系,计算复合材料的渗流阈值,分别绘制炭黑/硅橡胶复合材料、炭黑/二氧化硅/硅橡胶复合材料的介电常数和介电损耗与频率的关系曲线图。分析炭黑、二氧化硅对复合材料的微观介电参数与微观结构的影响。

3. 导电性能测试

(1)选取制备好的导电复合材料,利用高阻计和四探针测试仪测试不同电阻率范围内的样品,绘制电阻率与导电填料含量的关系图,计算导电渗流阈值的大小。分别绘制炭黑/硅橡胶复合材料、炭黑/二氧化硅/硅橡胶复合材料的电导率与频率的关系图,分析二氧化硅与炭黑协同对导电性能的影响。

(2)高绝缘电阻测量仪操作步骤

将测量屏蔽盒引出的导线按正负极分别与测量仪正负极连接。根据被测样品电阻值选择合适的测量电压。使用高电压、低放大倍数可提高测量准确度,但为确保安全,尽量使用较低的电压搭配较高的放大倍数。对试样进行充电后,将表头极性开关调至“＋”档,将测试电路与样品接通。此时进行读数:若发现指针很快指向满格,则立即将表头极性开关调至“0”,可能是被测样品电阻值过低,或设备短路。待查明原因后再进行测试。若发现表头无示数,或示数少于1,可将倍率开关升高一挡。重复以上步骤,直到读数在 1～10 之间,待指针稳定后读数。将仪表上的读数,先乘以倍率开关所指示的倍率,再乘以当前测量电压与最大测量电压的比值,得到被测样品的绝缘电阻值。

(3)四探针测试仪操作步骤

将测试探头固定在测试台上,插头与主机的输入插座连接起来。将样品放在测试台上。仪器开机默认状态为“设定”模式。根据样品形状,判断是否符合半无穷大条件,如不符合条件则需检索说明书上的样品面积修正参数、测量点位置修正参数以及样品厚度修正参数。将多项修正参数相乘后得到总修正参数 F 值,将其输入设定面板。再按模式键切换到“测量”模式。

松开螺帽,压下探头,根据样品厚度及测试压力要求,调整压力和探针缩进量,随后锁紧螺帽。松手后压力可以自动保持。待数值稳定后读数。如读数不稳定则按测量 1 min 时的数值读数。测试结束后,松开螺帽,更换或移除样品。

【实验注意事项】

(1)实验操作中小心烫伤和玻片划伤,数据记录测试环境湿度需≤70%,否则会影响测试精度。测试时不要在仪器附近走动,或在设备附近放置带有静电的物体,以减少外界干扰。使用高电压测试时需注意安全。

(2)测量试样尺寸时必须精确,要求准确至 0.02 mm,这样才能保证计算出来的负荷力的准确。

【思考题】

(1)混合和压制工艺控制参数对复合材料的性能和外观有何影响?

(2)利用介电、导电渗流机理解释介电常数、电阻率、电导率与填料含量的关系曲线。

(3)从聚合物聚集态结构、无机填料分散和分布、复合材料相态结构、加工工艺出发,探讨影响复合材料导电、介电、力学、硬度性能的影响因素。

实验二十四　增强改性汽车配件专用料与性能测试

【实验目的】

自主设计"制备改性专用料"的配方、加工工艺及所需的相关检测。目标材料用途可在以下类型中选择：PP 汽车保险杠、车用耐磨件、汽车仪表盘、车用穿线管、车用油箱等所使用的母粒、专用料等。

【工作原理】

实验为设计性实验，须以"产品性能要求→设计实验配方→设计生产工艺→性能测试→结果分析讨论"为实验的实施流程。根据设计产品的性能要求，设计配方工艺、采用挤出造粒工艺加工专用改性料，原理与第二章混合、挤出、注塑等实验原理相同。

【实验原料与仪器设备】

使用的实验原料和仪器由学生自主设计选用。

【实验步骤】

（1）配方设计：设备准备、清洗、调试。

（2）专用料制备：学生根据自主设计的工艺，经混合、挤出造粒等制备专用料。

（3）性能测试：通过注射或压制成型制备测试样条，对样条进行相关性能检测，检测项目包括但不限于拉伸强度、冲击强度、弯曲强度等测试。

（4）试验总结、讨论。

【思考题】

（1）通过对成本、销售值、回报率等的计算分析，说明产品的市场竞争力和前景。

（2）设计配方与工艺应注意的要点。

实验二十五　可生物降解材料的制备与性能测试

【实验目的】

选择任意一种可生物降解高分子为基材,针对其应用过程中的缺陷,以淀粉、纤维素、咖啡渣和稻壳灰等天然或合成的可降解填料对其进行改性,达到提高可生物降解材料的性能。

【工作原理】

由于聚烯烃类树脂降解后产生的有机物对地球生态环境产生不良影响,降解塑料特别是生物降解材料已成为可持续和循环发展经济的新亮点。常见的可生物降解聚合物,如聚乳酸(PLA)、聚己内酯(PCL)、聚琥珀酸丁二酯(PBS)以及聚己二酸/对苯二甲酸丁二醇酯(PBAT),可应用于医药、包装和农用塑料等行业。然而,这些可生物降解聚合物还存在许多的缺点:PLA 耐热性差、韧性低、熔体强度低、结晶速率过慢;PBS 冲击强度和刚度低,黏度低;PBAT 的力学强度和模量较低等。这些综合性能不足以及原料价格高限制了其被更广泛地应用,如何降低成本、提高性能是目前研究的热点。物理共混是常用的一种高分子材料改性方法,工艺相对简单,适合工业化生产。目前可生物降解聚合物可通过树脂间共混、与纤维共混以及与无机填料共混等方法进行改性。具体操作的工作原理可参考实验一和实验二的相关内容。

【实验原料与仪器设备】

使用的实验原料和仪器由学生自主设计选用。

【实验步骤】

(1)配方设计、工艺设计。根据选择的原料,分析讨论工艺特性,设计配方、工艺及相应的检测项目。根据材料特性,通过吹塑或流延工艺制成薄膜,或注塑模压制成模塑样条,再对制品进行相关性能测试,包括但不限于生物降解后失重率、拉伸断裂伸长率保留率、相对分子质量下降率等。制备工艺可参考第二章相关章节的内容,检测项目可根据标准《降解塑料的定义、分类、标准和降解性能要求》(GB/T 20197—2006)、《包装用降解聚乙烯薄膜生物降解试验报告》(GB 2461—1999)自行确定性能测试。

(2)设备准备、清洗、调试。

（3）可生物降解材料制备：根据学生自主设计的工艺，经混合、混炼挤出等工序制备。

（4）性能测试：通过流延制膜、注射或压制制备测试样条，对样条进行降解性能检测。

（5）试验总结、讨论。

【思考题】

（1）生物降解塑料适用哪些种类的填料？

（2）共混改性对降解塑料的性能影响有哪些？

（3）如何降低生物降解塑料的成本？

附录一　常见聚合物的玻璃化温度和熔点

名称		缩写	玻璃化温度 $T_g/℃$	熔点 $T_m/℃$
聚乙烯	高密度	HDPE	−120	137
	低密度	LDPE		120
聚丙烯	全同立构	PP	−10	176
	无规立构		−20	—
聚乙烯醇		PVA	85	245,258
聚苯乙烯（全同立构）		PS	100	240
聚氯乙烯(等规)		PVC	81,87	212
聚丙烯酸		PAA	106,97	—
聚丙烯酸甲酯		PMA	3,6,10	—
聚甲基丙烯酸甲酯(无规立构)		PMMA	105	—
聚丙烯腈		PAN	97,104,130	317
聚四氟乙烯		PTFE	126,−65	327
聚醋酸乙烯酯		PVAc	28	—
聚甲醛		POM	−83	180
聚苯醚		PPO	220	480
聚对苯二甲酸乙二醇酯		PET	69	267,280
聚碳酸酯		PC	150	265
聚酰胺	尼龙6	PA6	50,40	228
	尼龙66	PA66	50,57	265
	尼龙610	PA610	40,44	227
聚苯硫醚		PPS	150	285

（续表）

名称		缩写	玻璃化温度 $T_g/℃$	熔点 $T_m/℃$
聚丁二烯	1,4-顺式	cPB	$-95,-108$	63,2
	1,4-反式	tPB	$-50,-83$	100,92,148
聚异戊二烯	顺式（天然胶）	cPIP	-73	28,36
	反式（杜仲胶）	tPIP	-60	74

附录二 一些常见聚合物的密度

名称	ρ_c（完全结晶）/(g/cm³)	ρ_a（完全无定型）/(g/cm³)	ρ_c/ρ_a
聚乙烯	1.00	0.85	1.18
聚丙烯	0.95	0.85	1.12
聚丁烯	0.95	0.86	1.10
聚异丁烯	0.94	0.86	1.09
聚丁二烯(1,4-顺)	1.02	0.89	1.14
聚丁二烯(1,4-反)	1.01	0.89	1.14
顺-聚异戊二烯	1.00	0.91	1.10
反-聚异戊二烯	1.05	0.90	1.16
聚乙烯醇	1.35	1.26	1.07
聚苯乙烯	1.13	1.05	1.08
聚氯乙烯	1.52	1.39	1.10
聚环氧乙烷	1.33	1.12	1.19
聚环氧丙烷	1.15	1.00	1.15
聚甲基丙烯酸甲酯	1.23	1.17	1.05
聚对苯二甲酸乙二醇酯	1.46	1.33	1.10
聚四氟乙烯	2.35	2.00	1.17
聚碳酸酯	1.31	1.20	1.09
聚甲醛	1.54	1.25	1.25
尼龙6	1.23	1.08	1.14
尼龙66	1.24	1.07	1.16
尼龙610	1.19	1.04	1.14
再生纤维素	1.58	1.16	1.15

附录三　常用塑料助剂

功能 类别	助剂名称	主要分类	主要用途
稳定化助剂	热稳定剂	铅酸盐类,金属皂和金属盐类,有机锡类、有机锑类、有机主、辅类稳定剂,复合稳定剂及其他有机稳定剂	常用于 PVC 加工,抑制氯化氢脱除反应,改善制品性能
	抗氧剂	受阻酚类、胺类、亚磷酸酯类、硫醚类、双酚单丙烯酸酯、三嗪类、金属钝化剂及其他类型	用于在生产及使用过程易发生氧化反应的聚合物,延缓材料老化
	光稳定剂、紫外线吸收剂	水杨酸类、苯甲酸酯类、氰基丙烯酸酯类、二苯甲酮类、苯并三唑类、含镍化合物类、受阻胺类、光屏蔽剂类、羟基苯三嗪类	抑制聚合物光氧化作用
	抗菌剂、防霉剂	天然类、无机类、有机类	抑制或杀灭塑料制品周围的细菌、霉菌,保证制品完好
改善性能助剂	交联剂	有机过氧化物类及其他类型	促进聚合物链发生交联反应,提高聚合物热稳定性及机械强度
	固化剂及固化促进剂	固化剂主要为胺类、酸酐类,固化促进剂主要为咪唑类	促进热固性树脂固化
	填充剂	无机矿物类、纤维类、晶须类、天然有机物类	降低成本,改善制品力学性能
	冲击改性剂	主要品种：MBS、CPE、ACR、ABS、EVA、丁二烯树脂	提高塑料的抗冲击性能
	偶联剂	硅烷类、钛酸酯类、有机铬类、铝酸酯类及其他类型	提高无机增强材料或填料与聚合物之间的界面结合力

（续表）

功能类别	助剂名称	主要分类	主要用途
改善性能助剂	增塑剂	邻苯二甲酸酯类、间苯二甲酸酯类、己二酸酯类、壬二酸酯类、癸二酸酯类、磷酸酯类、硬脂酸酯类、月桂酸酯类、柠檬酸酯类、油酸酯类、偏苯三酸酯类、环氧类衍生物、磺酸衍生物、乙二醇衍生物、马来酸酯类、富马酸酯类、聚合型增塑剂及其他类型	降低聚合物熔融温度、成型加工温度；在制品的使用温度范围内，使其具有持久的柔软性，改善制品的弹性、耐低温性
	发泡剂	偶氮类、亚硝基化合物类、磺酰肼类及其他类型	在塑料加工过程中放出气体，形成泡孔结构
	阻燃剂	卤系阻燃剂、磷系阻燃剂、无机阻燃剂、硅系阻燃剂及其他类型	阻止或抑制塑料燃烧过程
	成核剂	无机成核剂、有机成核剂、高分子成核剂	加快树脂结晶速度，提高制品结晶密度，增加结晶度，提高制品力学性能，促进球晶结构细微化、均一化，提高制品光学性能
	润滑剂	脂肪酸及其衍生物、硬脂酸皂类、石蜡及烃类树脂、氟碳表面活性剂	内润滑剂可以降低树脂熔体黏度，外润滑剂降低树脂与加工设备之间的黏附与摩擦
	脱模剂	酯或盐类、酰胺类、蜡类、硅氧烷类	在塑料制品表面形成薄层高效隔离膜，使模塑制品能自行脱模
	爽滑剂	脂肪酸及其衍生物及其他复配爽滑剂	改善薄膜的表面性能以减小薄膜间以及薄膜与其他接触表面间的摩擦
	光引发剂	自由基型、阴离子型、阳离子型、离子反应型、能量转移型	作为光固化树脂、涂料、黏结剂的引发剂
	抗静电剂	阴离子型、阳离子型、两性离子型、非离子型、高分子性、复合型	降低聚合物材料的电阻率，降低其带电能力

附录四　常用橡胶助剂

功能类别	助剂名称	主要分类	主要用途
硫化体系助剂	硫化剂	硫黄类、过氧化物类、醌肟类及其他类	使橡胶的线型大分子通过化学交联转变为三维网状结构
	硫化促进剂	噻唑类、次磺酰胺类、秋兰姆类、二硫代氨基甲酸盐类、胍类、硫脲类、黄原酸盐(酯)类及其他	可缩短硫化时间,降低硫化温度,减少硫化剂用量和提高橡胶的物理机械性能等
	活化剂	氧化锌、氧化镁、硬脂酸	与促进剂配合使用,提高硫化效率
防护体系助剂	防老剂	胺类、酚类、杂环类、物理防老剂及其他防老剂	提高橡胶对各种老化破坏作用的抵抗能力,延缓或抑制老化过程
	阻燃剂	卤系阻燃剂、磷系阻燃剂、无机阻燃剂	阻止或抑制橡胶燃烧过程
操作系统助剂	塑解剂	物理塑解剂:脂肪酸和脂肪酸衍生物;化学塑解剂:五氯硫酚类、芳基二硫物类、有机磺酸盐类	增强生胶塑炼效果,缩短塑炼时间。增强橡胶流动性能,改善其加工性能
	分散剂	多元酯类、金属皂类	促进炭黑等填料均匀地分散到胶料中
	均匀剂	芳香烃树脂混合物	改善不同极性及不同黏度橡胶混炼时的均相性和稳定性,降低黏度
	增黏剂	酚醛树脂类,烯烃树脂类,脂肪烃树脂类	改善胶料的黏性,提高态坯成型质量
	脱模剂	内脱模剂:表面活性剂、脂肪酸钙复合物;外脱模剂:氟系、硅系、蜡系、界面活性剂	提高胶料在模腔内的流动性并降低硫化胶与模具表面的黏着力
	防焦剂	亚硝硝基化合物、有机酸类、硫代亚酰胺类	防止胶料在加工时产生早期硫化现象,控制焦烧时间

（续表）

功能类别	助剂名称	主要分类	主要用途
补强填充体系助剂	填充剂（补强剂）	填充剂分为补强型（补强剂）和非补强型	增大产品体积,降低成本。补强剂还可改善橡胶力学性能
黏合体系助剂	黏合剂	酚醛树脂类、密胺型	改善橡胶的黏合性能
	黏合增进剂	钴盐、镍盐	提高橡胶与其他材料的黏合性能
其他助剂	发泡剂	偶氮类、亚硝基化合物类、磺酰肼类及其他类型	在橡胶加工过程中放出气体,形成泡孔结构
	消泡剂	矿物油基型、复配消泡剂	去除橡胶加工中产生的气泡

附录五　常用橡塑加工设备

设备名称	工作原理	适用范围
高速混合机	通过电机带动叶片旋转,从而使混合室内物料做旋流运动,达到混合的目的	对固-液、固-粉、粉-粉、粉-液进行高效的均匀混合
开炼机	前后辊筒速度不等,从而对滚筒间物料进行剪切和挤压作用	对橡胶、塑料进行混炼、塑炼
密炼机	通过密炼室内对向转动的转子,对胶料进行反复的剪切和挤压	主要用于橡胶、塑料的塑炼和混炼
平板硫化机（热压成型机）	通过液压系统驱动压板对平板间装有物料的模具进行挤压,同时可通过压板对物料进行加热	用于塑料的压制成型,橡胶的硫化成型
挤出机	分为熔融法和溶液法,借助螺杆或柱塞的挤压作用,使熔融的物料在压力推动下,强行通过口模而成为具有恒定截面的连续型材	配备不同辅助机械,可用于热塑性塑料的共混改性、挤出造粒,膜、片、板、管、丝及异型材等制品成型
注塑机	借助螺杆(或柱塞)的推力,将已塑化好的熔融状态物料注射入闭合好的模腔内,经冷却定型后取得制品	能一次成型外形复杂、尺寸精确或带有金属嵌件的质地密致的塑料制品
吹塑成型机	将挤出或注射获得的半熔融态的管坯(型坯)置于一定形状的吹塑模具中,通入压缩空气,将其吹胀,经冷却定型成与模腔形状一致的中空制品	注射吹塑较适用于小型容器的高速自动化生产,挤出吹塑适用于大中型容器生产
压延机	将已混合塑化、接近粘流温度的热塑性塑料通过一系列相向旋转的平行辊筒间隙,经挤压、延展形成厚度均匀的薄膜,并压成所需表面花纹	可生产薄膜、片材、板材、人造革及复合膜等制品,较适用的物料有聚氯乙烯、聚乙烯、聚乙烯醇、聚苯乙烯等

设备名称	工作原理	适用范围
流延机	挤出机熔融塑化好的树脂,经过模头流到光洁的冷却辊上,迅速冷却成膜,经切边、测厚、电晕等处理后,牵引收卷成膜	常用于聚乙烯、聚丙烯、乙烯-醋酸乙烯共聚物等塑料薄膜的生产
吹膜机	经过挤出装置将树脂熔融,经机头过滤,通过口模,经风环冷却、吹胀,经人字板、牵引辊卷取,将成品薄膜卷成筒	适用于吹制聚乙烯、聚丙烯、聚氯乙烯、聚苯乙烯及聚酰胺等热塑性塑料薄膜

参考文献

[1] 合肥工业大高分子材料与工程系. 高分子材料成型加工原理实验指导书(自编讲义). 2017.

[2] 杨清芝. 实用橡胶工艺学[M]. 北京:化工工业出版社,2011.

[3] 王汝敏,郑水蓉,郑亚萍. 聚合物基复合材料[M]. 北京:科学出版社,2016.

[4] 吴智华. 高分子材料加工工程实验教程[M]. 北京:化学工业出版社,2004.

[5] 杨鸣波,黄锐. 塑料成型工艺学[M]. 北京:中国轻工业出版社,2014.

[6] 温变英. 塑料测试技术[M]. 北京:化学工业出版社,2019.

[7] 王贵恒. 高分子材料成型加工原理[M]. 北京:化学工业出版社,2010.

[8] [美]詹姆士 F. 史蒂文森. 聚合物成型加工新技术[M]. 刘廷华,译. 北京:化学工业出版社,2004.

[9] 钱汉英,王秀娴. 塑料加工实用技术问答[M]. 北京:机械工业出版社,2000.

[10] [美]杰克. 埃弗里. 塑料成型方案选择[M]. 北京:化学工业出版社,2004.

[11] 邬素华,张桂霞. 高分子材料加工工程专业实验[M]. 北京:中国轻工业出版社,2013.

[12] 潘祖仁. 高分子化学(第五版)[M]. 北京:化学工业出版社,2011.

[13] 刘建平. 高分子科学与材料工程实验(第二版)[M]. 北京:化学工业出版社,2017.

[14] 戴礼兴. 高分子材料与工程专业实验教程[M]. 北京:化学工业出版社,2022.

[15] 中华人民共和国国家质量监督检验检疫总局,中国国家标准化管理委员会. 塑料 拉伸性能的测定 第2部分:模塑和挤塑塑料的试验条件(GB/T 1040.2—2006)[S]. 北京:中国标准出版社,2006.

[16] 中华人民共和国国家质量监督检验检疫总局,中国国家标准化管理委员会.塑料 简支梁冲击性能的测定 第2部分:仪器化冲击试验(GB/T 1043.2—2018)[S].北京:中国标准出版社,2018.

[17] 国家市场监督管理局.环氧树脂凝胶时间测定方法(GB/T 12007.7—1989)[S].北京:中国标准出版社,1989.

[18] 中华人民共和国国家质量监督检验检疫总局,中国国家标准化管理委员会.纤维增强塑料拉伸性能试验方法(GB/T 1447—2005)[S].北京:中国标准出版社,2005.

[19] 中华人民共和国国家质量监督检验检疫总局,中国国家标准化管理委员会.塑料悬臂梁冲击强度的测定(GB/T 1843—2008)[S].北京:中国标准出版社,2008.

[20] 中华人民共和国国家质量监督检验检疫总局,中国国家标准化管理委员会.塑料术语及其定义(GB/T 2035—2008)[S].北京:中国标准出版社,2008.

[21] 国家市场监督管理局,中国国家标准化管理委员会.树脂浇铸体性能试验方法(GB/T 2567—2021)[S].北京:中国标准出版社,2021.

[22] 中华人民共和国国家质量监督检验检疫总局,中国国家标准化管理委员会.纤维增强塑料树脂不可溶分含量试验方法(GB/T 2576—2005)[S].北京:中国标准出版社,2005.

[23] 国家市场监督管理局,中国国家标准化管理委员会.塑料 试样状态调节和试验的标准环境(GB/T 2918—2018)[S].北京:中国标准出版社,2018.

[24] 中华人民共和国国家质量监督检验检疫总局,中国国家标准化管理委员会.橡胶物理试验方法试样制备和调节通用程序(GB/T 2941—2006)[S].北京:中国标准出版社,2006.

[25] 中华人民共和国国家质量监督检验检疫总局,中国国家标准化管理委员会.预浸料性能试验方法 第5部分:树脂含量的测定(GB/T 32788.5—2016)[S].北京:中国标准出版社,2016.

[26] 中华人民共和国国家质量监督检验检疫总局,中国国家标准化管理委员会.增强塑料巴柯尔硬度试验方法(GB/T 3854—2017)[S].北京:中国标准出版社,2017.

[27] 中华人民共和国国家质量监督检验检疫总局,中国国家标准化管理委

员会. 硫化橡胶或热塑性橡胶撕裂强度的测定(裤形、直角形和新月形试样)(GB/T 529—2008)[S]. 北京:中国标准出版社,2008.

[28] 中华人民共和国国家质量监督检验检疫总局,中国国家标准化管理委员会. 不饱和聚酯树脂试验方法(GB/T 7193—2008)[S]. 北京:中国标准出版社,2008.

[29] 中华人民共和国国家质量监督检验检疫总局,中国国家标准化管理委员会. 橡胶术语(GB/T 9881—2008)[S]. 北京:中国标准出版社,2008.

[30] 国家市场监督管理局. 塑料薄膜和薄片气体透过性试验方法　压差法(GB/T 1038—2000)[S]. 北京:中国标准出版社,2000.

[31] 中华人民共和国国家质量监督检验检疫总局,中国国家标准化管理委员会. 塑料拉伸性能的测定　第 3 部分:薄膜和薄片的试验条件(GB/T 1040.3—2006)[S]. 北京:中国标准出版社,2006.

[22] 中华人民共和国国家质量监督检验检疫总局中国国家标准化管理委员会. 塑料薄膜和薄片加热尺寸变化率试验方法(GB/T 12027—2004)[S]. 北京:中国标准出版社,2004.

[33] 中华人民共和国国家质量监督检验检疫总局,中国国家标准化管理委员会. 透明塑料透光率和雾度的测定(GB/T 2410—2008)[S]. 北京:中国标准出版社,2008.

[34] 中华人民共和国国家质量监督检验检疫总局,中国国家标准化管理委员会. 流延聚丙烯(CPP)薄膜(GB/T 27740—2011)[S]. 北京:中国标准出版社,2011.

[35] 中华人民共和国国家质量监督检验检疫总局. 塑料薄膜和薄片厚度测定　机械测量法(GB/T 6672—2001)[S]. 北京:中国标准出版社,2001.

[36] 中华人民共和国国家质量监督检验检疫总局. 塑料薄膜和薄片长度和宽度的测定(GB/T 6673—2001)[S]. 北京:中国标准出版社,2001.

[37] 中华人民共和国国家质量监督检验检疫总局,中国国家标准化管理委员会. 纤维增强塑料弯曲性能试验方法(GB/T 1449—2005)[S]. 北京:中国标准出版社,2005.

[38] 中华人民共和国国家质量监督检验检疫总局,中国国家标准化管理委员会. 纤维增强塑料简支梁式冲击韧性　试验方法(GB/T 1451—2005)[S]. 北京:中国标准出版社,2005.

[39] 中华人民共和国国家发展和改革委员会 . JC/T 776—2004 预浸料挥发物含量试验方法[S]. 北京:中国标准出版社,2004.

[40] 中华人民共和国国家质量监督检验检疫总局,中国国家标准化管理委员会 . 纤维增强塑料性能试验方法总则(GB 1446—2005)[S]. 北京:中国标准出版社,2005.

[41] 中华人民共和国国家质量监督检验检疫总局,中国国家标准化管理委员会 . 降解塑料的定义、分类、标识和降解性能要求(GB/T 20197—2006)[S]. 北京:中国标准出版社,2006.

[42] 国家市场监督管理局,中国国家标准化管理委员会 . 塑料负荷变形温度的测定 第 1 部分:通用试验方法(电子版)(GB/T 1634.1—2019)[S]. 北京:中国标准出版社,2019.